英雄之旅

把人生活成一个好故事

［美］唐纳德·米勒（Donald Miller）——— 著

修佳明 ——— 译

HERO
ON A
MISSION

A PATH TO

A MEANINGFUL LIFE

中国人民大学出版社
·北京·

献给艾米琳·米勒

作者的话

我不认为我们当中任何一个人在书写自己的人生故事时，需要相信命运。

命运是个可怕的作者。

目　录

第二幕　创建你的人生方案

第三幕　你的人生方案和每日计划表

引　言

在故事里，有这样四种主要角色：

1. **受害者**，这是感到自己无路可走的角色。
2. **反派**，这是令他人变得渺小的角色。
3. **英雄**，这是直面自己的挑战并完成转变的角色。
4. **向导**，这是协助英雄的角色。

当你阅读一个故事或者观看一场电影时，你会同情受害者，为英雄欢呼，仇视反派，尊重向导。

这四种角色之所以存在于故事里，并不仅仅因为他们也存在于真实世界中，更因为他们存在于你我的内心。

在生活中，我每天都在扮演这四种角色。如果我遭遇了一场不公平的挑战，那么我通常会扮演一分钟的受害者，为自己感到难过。如果我受到了他人的陷害，那么我就会连做梦也想着复仇，活脱脱像一个反派。如果我想到了一个好点子，并且想要把它实现，那么我就会切换到英雄模式，采取行动。而如果有人打电话过来说需要我的建议，那我就会扮演向导的角色。

问题在于，这些角色并不是对等的。其中两个能帮我们体会到深层的意义感，而另外两个则将我们引向毁灭。

我曾在过去的很多年里主要扮演着受害者的角色，而这种思维定式对我的人生品质造成了消极的影响。正如我将在本书中阐述的那样，我曾经不喜欢我自己。我不喜欢我的人生，也得不到他人的尊重。同时，我既赚不到钱，又没有健康的人际关系，也不是一个称职的专业人士。

我的人生像一场凄凉的悲剧般上演。若不是我后来有了某些发现，它可能就这样一成不变了。

我认识到，我的问题不在于所处的环境、接受的教养乃至过去的创伤；我的问题在于我看待自己的方式。如前所述，我把自己看成了一名受害者。

可是，随着我对文学和电影作品中英雄们的强大品格有了更多的认识，我开始琢磨，把这些品格中的某几样化为己用，是否能创造出一种更美好的人生体验。

像英雄一样生活（可能跟你想象的完全不一样——英雄既不强大，也不是万能的；他们只是正在经历一种转变过程的受害者）让我在不自知的情况下走进了一种名为意义治疗（logotherapy）的领域，这是奥地利心理学家维克多·弗兰克尔开创的一种疗法。我将在本书中就意义治疗展开更多的介绍。

走进意义治疗使我的人生朝着更美好的方向发生了改变。我从一个愁眉不展的人变成了一个乐天知命者。我不再虚度光阴，而是力求日有所得。我原本对亲密关系有所畏惧，但现在已能够走入这些亲密关系，并懂得享受。最重要的一点是，我此前一直觉得人生没有意义，如今却能体会到一种深层的意义感。

循此方式生活近十年，我自创出一份人生方案和每日计划表，得以把有用的想法组织成一个系统。而本书的要义正在于此。像英雄一样生活，你将体会到一种深层的意义感。这本书传授了一套便于使用的系统方法，每个人都能凭此开启一段富有深层意义感的人生。

如果你一直为一种徒劳无用的感觉所困，如果你厌倦了自己正在经历的故事，或者你当下不得不重新来过，为自己创造一个新的现实，我真心希望这本书能够给你带来帮助。

第一幕

如何创造有意义的人生

1

受害者、反派、英雄和向导：
我们在人生中扮演的四种角色

人不会偶然地活在一个充满意义的故事里。事实上，活出一个好故事跟写出一个好故事有异曲同工之妙。当我们阅读一篇精彩的故事时，我们不会觉察到故事背后漫长的构思幻想、谋篇布局、磕磕绊绊与反反复复。这些坎坷与打磨，在读者的经验里，可能已经转化为一条意义与作用明晰的光滑的故事线。

写故事可能是一件很有趣的事，活在故事里也可以很有趣。但是，好故事总需要下功夫。

不管喜欢与否，我们度过的人生都是故事。我们的人生都有开头、中间和结尾三幕，而我们在这三幕里扮演了众多的角色。我们是兄弟姐妹、儿女、父母、队友、爱人、朋友，以及太多其他角色。对很多人而言，他们生活的故事让人感到有意义、有趣，甚至还充满启示。可还有另外一些人，他们的人生给人的感觉，就仿佛故事的作者丢了魂儿一样。

然而，以上这一切都引向了一个问题：是谁在书写我们的故事？是上帝吗？是命运吗？是政府，是我们的老板，还是教会？一位物理学家在接受采访时指出了一种可能性，即我

11

们的故事其实在时间中根本就不存在，它们还没有开始，而在同一时刻，或者说在时间的缺席下，就已经结束了。这也许是真的，但即便如此，我也还是不确定这种学说能为我享受人生提供什么帮助。真正的事实是，我们都不得不度过此生，并在某个时间的限度内体验人生。我猜，我们都想让这份体验尽可能地充满意义。

以实用性为目的，我的立场是，我们人生故事的作者实际上就是我们自己。我的故事由我书写，为其塑造意义的责任也只在我一人：认同这个观念，或许是我作为一个人所经历过的最为重要的一次思维范式转变。

我很赞同詹姆斯·爱伦在 1902 年出版的《人生的思考》一书中说的这段话："只要一个人认为自己就是外部境况的造化，那么他就会受到外部境况的冲击。然而，倘若他能够认识到自己就是一种具有创造性的力量，能够指挥自己的灵魂，不管遇到何种情形都能播下自己人生的种子，那么他就能够成为自己真正的主人。"①

有这样一个令人难以接受的真相：如果是上帝在书写我们的故事，那么他并没有把这件事办好。我想，没有人可以否认，有些人的人生故事，其悲惨程度肉眼可见，而且我们

---

① 爱伦. 人生的思考：读透人生之一. 李旭大，译. 北京：中国发展出版社，2005.——译者注

很多人经历过属于各自的那份悲剧。另外，如果是上帝在书写我们的故事，那么他也没有把这件事办公平。有些人出生时含着金汤匙，有些人则生在贫寒人家；有些人意外身故，不幸早夭，而另外一些人则健康长命，寿终正寝。

有没有这样一种可能：上帝不书写我们的故事，而是在创造出日升和日落、海洋和沙漠、爱情与多变的天气之后，把笔交到了我们的手上，让我们接着写余下的世事？

有没有这样一种可能：我们对自己的故事的品质所负的责任，比之前认为的更重？以及，我们关于自己的人生所产生的所有不安的感受，其实不是命运的过错，而是作者自己的过错，而作者正是我们本人？

有没有这样一种可能：人生的残破本质是一个事实，但我们能够在这种残破之中创造出某些有意义的东西，这种观念也是一个同等的事实？

当然，以上这些可能都无法得到证实。但是，难道它们不经证实，就不能成为一种实用的范式了吗？

再者，假若我笃信命运掌握了全部的力量，于是中立地袖手旁观，看到我的故事在书页间漫无目的地游走，好像支配它的是一个没有感情的白痴，那么我该去责怪谁呢？上帝、命运，还是斯坦贝克？

在我看来，责怪自己才是最可行的选项。虽然这个选择可能会把我牵扯进来，但它也给了我为此做点什么的最大权利。

不管到底是谁在书写我们的故事，我们都相信自己就是作者，这总归是一个有用的信念。而且它不只是一个有用的信念，它还是一个有趣的信念。同人生的混合元素搭伙合作，雕刻出一点属于我们自己的事物，岂不有趣？

当我们说自己厌倦人生时，我们真正厌倦的其实是我们生于其中的故事。而对故事感到厌倦这件事，有一个极大的好处，那就是故事可以被改写。故事是可以被修订的。故事可以从沉闷乏味变成激荡人心，从散漫无章变成有的放矢，从味同嚼蜡的苦读变成跌宕振奋的人生。

要想修订我们的故事，我们唯一需要了解的就是让故事获得意义的原则。然后，如果我们把这些原则运用于我们的人生，而不再把写故事的笔交由命运支配，我们就可以改写我们个人的经历，转而为它的美妙心怀感激，而不再为它的无意义心怀怨怼。

受害者：感到自己无路可走的人

如果你是一名作家，拿着一个有问题的故事找到我，说："唐，这个故事行不通啊。它没有意思，我也不知道怎

14

么改。"那么我第一眼要看的，就是故事的主人公。这是谁的故事？为什么这个人物没能让故事变得有意义呢？

我在引言里提过，几乎每个故事里都有这四种主要角色：受害者、反派、英雄和向导。快速毁掉一个故事的办法，就是让故事的主人公——故事主要讲述的那个人——扮演受害者的角色。

你不能让故事的主角表现得像一个受害者。这是故事的道理，也是人生的真相。事实上，**正因为**人生如此，所以故事中才有这个道理。

之所以说，表现为受害者的主人公会毁掉故事，是因为一个故事必须朝着有趣的方向前进。主人公必须想要得到某些不容易得到的东西，也许甚至是某些不敢得到的东西。你读过的那些有启发性的故事，几乎每一篇都符合这个情节设定。

而与之相反，受害者不想前进，也不想接受挑战。受害者选择放弃，因为他们相信自己命数已定。

仔细想想，一个人向命运屈服，把人生拱手相让，这正是受害者的精髓。他们把自己的故事交给命运做主，这样一来，就可以让命运来决定自己能否获得职业上的成功、能否体验到亲密的关系、能否培养感恩之心或者能否为孩子树立榜样。而命运虽然可以在搭设舞台布景方面完成得很出色，但是几乎完全不会推动主人公前进。这原本是主人公的工作，可他们就是不做。

我们很可能都认识一两个看上去以这种方式生活的人。或者更糟，我们自己也可能正在按照这种方式度过人生！

受害者相信自己是无力的，所以在被人解救之前，只会胡乱挣扎。

真正的受害者确实存在，也需要有人去解救。但是受害者的处境只是一个临时的状态。一旦得到解救，此后更好的故事就是我们重获英雄的能量，推动我们的故事向前。

事实上，我自己也曾一度郁郁寡欢，沮丧低落。在我二十五六岁的时候，我遇到了人生的瓶颈。我在俄勒冈州波特兰市的一座房子里租了一个小单间，睡在一张贴地的沙发床上。这张沙发床平时是一张沙发，两边展开后就成了一块铺在地板上的床垫。床面坑坑洼洼，凹凸不平。我会在早晨醒来，盯着刚刚盖住鼻尖的毯子，对着夹杂在纤维间的麦片碎渣发呆。

这已经是二十多年前的事了。当时有一群人跟我同住在这座房子里，他们大概对我的自暴自弃很不以为然，而我的碌碌无为也没能给他们的生活增添一点亮色。

我把我的笔交给了命运，而命运似乎刚刚参加完一场狂欢酒会，或者因为把更多的注意力放在了贾斯汀·汀布莱克①的故事上而心不在焉（如果命运真的在写我们的故事，而我也没法证明它没有在写，那么它在贾斯汀·汀布莱克的故事上做得不错）。不管怎么说，没有计划总是行不通的。我的健康状况很差，心情很糟，无处可走。我相信生活是艰难的，而命运在和我对着干。

从地板上的一张软塌塌的沙发垫上起来，可不像从一张床上起来那么容易。所以每天早上，我会在地上多躺一个小时，寻思着我们这里有没有一台吸尘器。然后，我翻身坐在自己的小腿上，用按理应该是胳膊的东西把自己支撑起来。我每天早上都怀疑自己得了关节炎。我那时二十六岁。

因为涌现出太多的受害者能量，我的职业生涯也毫无眉目。我知道我想成为一名作家，但是我没有为此做任何努力。我的故事陷入了停滞不动的泥淖之中。我还没有写过一本书，甚至连试都没试过。我想要写作，这是确定的，但是湮没在受害者能量中的我，相信著书立说这种事，只适合那些比我更聪明、更自律或者说话带有英式口音的人。我不相信我真的能够成为写书的人，因为命运决定了谁能写书，而命运并不怎么偏爱我。毕竟，命运并没有赐予我一口英式

---

① 美国歌手、音乐制作人、演员、商人、主持人。——译者注

口音。

我还记得，在我总是涌现受害者能量的那段时间里，我会乘公交车去市中心，把一些不用的书卖给鲍威尔书店的二手书买家。鲍威尔书店是开在波特兰市中心的一家大型书店，他们会买下你的旧书，再以三倍的价格卖出去。我经常去卖旧书，这才有钱买得起一块比萨。我还记得在一次乘公交车回家的路上，看到无家可归的人们在救济会门外排着长队。我还有三天就要交下个月的房租了，但还没有凑到钱。我还记得，我很怕自己下个星期就会去那里排队。

我当时还浑然无知，不知道自己第一需要的东西就是一个信念——相信自己就是书写自己故事的那个人，然后，排在第二位的就是帮我活出一个故事的结构，让这个故事产生一种意义感。我需要知道自己的故事可以被修订和改写，我还需要可以在这个修订过程中使用的原则。

很多人可能对这种时光感同身受。我们都经历过深感无望的时期。有些人从中走了出来，还有另外一些人停在无望的状态里，止步不前。而我们绝大多数人选择了一种混合的人生。我们向前移动一步，也许是谋得了一份职业，觅得了一个配偶，或者生了几个孩子，但是我们接下来又会继续在受害者能量的侵扰下停在原地。我们只在一些特殊的时刻展现英雄的能量，比如当我们需要在职业生涯上更上一层楼或者为了找到一个配偶繁衍后代而打理自己的时候。但是，就受害者能量在我们人生中的散发程度而言，我们的故事始终免不了受到一种萦绕不去的不安感的困扰。

再重申一遍，如果一个故事想要成功，主人公就绝不能涌现出受害者能量。**受害者能量是这样一种信念，它相信我们是无力的，且命数已定。**

这里的要点是，早在我们问自己有关故事的问题之前，我们就必须问清楚，我们在故事里要扮演什么样的角色。如果我们扮演的是受害者或反派，那么无论多么大量的改编工作都帮不了我们。在这个人生故事里，我们将扮演一个无关紧要的次要角色，而我们的故事将无法获得叙事牵引力。

但是，要小心。如果在读到这些文字的时候，我们意识到自己一直在涌现受害者能量并为自己感到羞愧，那么我们眼下涌现的就是另一种将会毁掉我们故事的能量。我们涌现的是**反派的能量**。我们知道，反派是令他人变得渺小的角色。关于反派的故事也不会传递出一种意义感。

当我们为自己表现得像一个反派而感到羞愧时，我们展现出来的是一场发生在我们内心的两个反派之间的对话。这种内心对话也创造不出一个好故事。

事实上，能以最快的速度毁掉我们的故事的两个角色，就是受害者和反派。

19

反派：令他人变得渺小的人

为了把一个糟糕的故事修订好，我们得列出一张必做清单。这张清单上的第二个项目，就是确保主人公别涌现出太多的反派能量。就像涌现出受害者能量的主人公一样，涌现出反派能量的主人公同样会毁掉一个故事。

我不会想当然地认为，你只是因为花钱买了这本书，就会跟我站在一边。我现在就要提醒你：如果你不喜欢那些嫉妒别人、贬低他人生活与成就的角色，你也不会喜欢我，因为所有这些事情，我都曾做过。

我在学会如何修订自己的故事之前，一直都习惯于反派能量。

因为我为自己可悲的人生感到悲哀，又对从我身边经过的人们心怀嫉恨，所以我要让他人变得渺小。

具体来说，跟我同住在一座房子里的那些家伙，他们的人生在向前迈进，这就让我的人生原地不动这个事实更令我沮丧。他们在跟女孩子们约会，随后还会与之结婚。他们开始投入工作，这些工作将发展为各自的事业。他们在谱写人生的节奏，通向未来的成功。而反观我自己，我还没能找到一个起始节拍。

所以我把火撒在了他们的身上。

绝大多数时候，我是一个消极的攻击者。我会往他们热爱的事情上泼冷水。

"在电视上看足球赛，有点儿像在水族馆里看鱼，你不这么觉得吗？"

有一次，他们定了一条规矩，不准任何人把自己没洗的盘子丢在水槽里。他们定下这条规矩，主要是因为我总是把盘子丢在水槽里。有一天早晨，我起床时发现房子里没有人在，又看到这些家伙在吃完早餐之后没有清理餐具，于是我就把那些脏盘子扔到了他们的床上。没错，除了我之外，其他人都有自己的床。

我前面已经说过，反派会努力贬低其他人。回过头去看，我当时就在做这种事。我觉得自己太渺小了。我需要让其他人更加渺小。只有这样，我才能觉得自己没那么微末。我需要他们的女朋友是无聊的人，我需要他们的工作是个笑话。

可我们也不必过分憎恶反派。事实上，他们都经历了艰难的日子。在故事里，英雄和反派的成长背景往往十分相似。他们最初都是受害者。你在下次看电影或者读书的时候可以留意一下。主人公是孤儿的情况要比意料中更多。故事往往开始于他们失去了父母，或者不得不跟着可怕的叔叔度日。然后，他们在学校里受到排挤和欺凌。其他孩子把垃圾塞进他们的书包，把他们的书本丢进马桶。

反派没有什么不同。他们也经历过苦痛。

故事里一般不会交代反派的成长背景，但是作者几乎总会暗示这个角色过去曾受过某种折磨。反派要么脸上划着一道长疤，要么跛脚或者口吃，原因正在于此。讲故事的人想让你知道，反派的身上背负着他们没有处理妥当的痛苦。

反派与英雄的区别在于，英雄从苦痛中吸取教训，想要帮助他人免受同样的苦。而反派与英雄背道而驰，转而向伤害他们的世界寻仇。

反派与英雄的区别就在于他们面对自己经历的苦痛时的反应方式。

在故事里，反派能量会招致消极的结果。我们让这种能量涌现得越多，我们的故事就越糟糕。

但凡涉及反派，任何一种处理方式都是过轻的。事实上，我们每个人涌现的能量都位于一条光谱上。如果我们掌握了反派的应对机制，又随着时间的推移不断强化这些机制，我们就会变成魔鬼。很多人经历了这种变化。唐·理查德·里索和拉斯·赫德森在他们合著的《九型人格》里，勾绘出了九种人格中每一种的消极下降形态。有些人格类型在下降之后，最终会发展到霸凌那些比他们弱小的人，将之作为一种借助自己的权力来获得安全感的方式。其他的人格类型也没有好到哪里去，每个人在人格下降的时候都会变得更糟，如果就此沉沦，最终会沦为阶下囚，或者犯谋杀罪，又或者自杀。

我们的反派倾向或许表面看上去相当无辜，但是其中的反派能量绝不可轻视。一旦我们开始在自己的心里贬低他人，我们就已经在同魔鬼共舞了。

当我在反派能量的操纵下行事时，我变得越来越孤僻。我的室友们不愿意坐下来跟我说话。女孩子们来家里找其他人会面时，从我的卧室门前急匆匆地掠过，连一句简单的招呼都不跟我打。谁会想坐下来跟一个满心幽怨、一腔愤懑的人说话呢？

我的反派能量促使我的室友们组织了一场干预活动，谈论我这个人变得多么难以相处。那段时间并不好过，但我最终不得不对自己承认，他们说的是对的。我的故事无路可走，因为我的角色沉溺于受害者和反派的应对机制之中，不去接受人生原本的挑战，也没有带着勇气去迎接这些挑战。

当我们看轻他人的言论或者在心里贬低别人的时候，我们就知道自己正在涌现反派能量。当我们看不起他人的外在表象而不愿意花时间理解他们的内心想法时，我们就知道自己正在涌现反派能量。当我们轻视那些批评我们的人而不从中寻求学习和成长时，我们也知道自己正在涌现反派能量。如果我们说实话，那么我们其实一直都在涌现反派能量，有时这只跟我们是否吃了午饭有关。

不扮演反派的原因还有一个，那就是反派跟受害者一样，都不会经历转变。反派直到故事的结尾，依然是故事开头那个令人不快的威胁。不仅如此，反派还跟受害者一样，在故事里只扮演了一个次要的角色。不管他们拥有多少权力、力量和气势，反派在故事里存在的意义也只是为了让英雄看上去很棒和让受害者显得可怜而已。不管反派抢了多少风头，他们终归不是故事的主角。

英雄：愿意直面自己的挑战并完成转变的人

过了很多年，我终于认识到，扮演英雄的角色会给我们的故事带来极其显著的提升。这也是本书想写的内容。如果我们想要掌控自己的人生，让我们的故事朝着有意义的方向调转，那么我们就应该涌现更多的英雄能量，减少受害者和反派能量。

我很感激自己的这份领悟，因为它很有可能拯救了我的人生，至少一定拯救了我的人生品质。

英雄能量的精髓是什么？英雄是想要在人生中取得某样

东西，并且愿意接受挑战，从而变成有能力得到自己想要之物的那个人。

我们在读一本书或者看一部电影的时候，潜意识里总想让英雄迎难而上，力挽狂澜。

这也是我在编改一个行不通的故事时一定会问自己的问题之一。主人公是如何应对挑战的？当他们被侮辱时，他们的反应是怎样的？当他们被拒绝时，他们会如何对待那些拒绝他们的人？当他们感觉自己失去了一切时，他们还能在黑暗中找到一线光明吗？他们会努力尝试吗？他们会不顾艰难险阻迈步向前，在一次次被击倒之后重新爬起来吗？

如果主人公以矢志不渝的行动和一种希望感做出回应，那么我们的故事就将向前发展，变得越来越有趣。但如果他们像受害者一样觉得无望，或者像反派一样转而攻击他人，那么这个故事就会分崩离析。

我们扮演的角色将决定我们故事的品质

当我们谈论我们在自己的人生故事里扮演一个什么样的角色时，我们真正在讨论的其实是身份认同。我们认为自己是一个什么样的人？如果我们认为自己是无力的，那么我们的故事就掌握在命运的手上，而我们则以受害者的身份行动。如果我们认为他人是渺小的，应该听我们的话做事，我们就是在以反派的身份行动。

相反，当我们涌现出英雄能量时，我们经历的第一个转变就是，我们的人生不再由命运掌控了。至少不完全是这样了。英雄怀抱勇气站起身，去改变他们的境遇。

命运也许会为我们设置挑战，但是它不会指定我们如何应对这些挑战。我们不是预先编写好的程序。我们有改写自己故事的力量。命运也许会让阳光照射我们，把雨水洒向我们，但是它不会决定我们是谁。我们自己决定我们是谁，而正是我们的身份指引着我们的故事，而不是任何其他人或其他事。

当我们看到一个能力绝对健全的人悲哀地把自己看成一个受害者时，我们会忍不住想要批评他没有自制力。但是自制力并非他真正的问题所在。他的问题在于自我认同。他不知道自己体内蕴藏着英雄能量。

还记得那些有助于创造一个好故事的原则吗？随着我对这些原则了解得越多，把它们在生活中应用得越多，我看待自己的方式就转变得越大，同时，我的人生经历也变得越来越有意义。

事实上，我的故事中那些美好的部分，就是从身份认同开始的。我很好奇自己能成为一个什么样的人，一段旅程便由此开启了。

我去鲍威尔书店买书和卖书的日子持续了近两年之久。只要我一有钱，我就去买书。等我把钱花光了，我就又把书卖掉。这显然是一桩赔本的买卖，但是人不能只靠吃比萨生活。我热爱文字，我想亲笔写出那些文字。我越来越想知道，自己到底能不能真的成为一名作家，甚至萌生出一丝希望。

转变并不是在一夜之间发生的。我继续在受害者、反派和英雄的角色之间摇摆不定，每一天，甚至每个小时，都在变。但是慢慢地，随着时间的推移，我开始更多地扮演英雄的角色，同时削减受害者和反派的戏份，而这让一切都变得不同了。

我几乎每一天都会写作，而且几乎每一天都写得比前一天更好一点。

从受害者心态向英雄心态的转变开始于这样一个问题：**我能成为什么样的人？**只要知道自己有一点可能性成为一名作家，知道自己有一点可能性完成某些有意义的事情，我就有了冒险和尝试的勇气。

我认识的每一个鼓舞人心的人最初都是从相似的好奇出发的，他们想知道自己能成为什么样的人或者能创造什么样的事物。想想那些激励过你的人。过去的某一天，他们或拾起了一把吉他，或把一根晶体管插入了计算机，又或是缩窄了火箭引擎末端的喷油嘴，而三十年之后，这些人已经改变了世界。

我将在这本书后续的部分里详细解析英雄的特征。但是，假如我们说，有人仅凭一己之力就取得了英雄之旅的成功，那就会让我们误入歧途。英雄需要帮助，大量的帮助。在我们的人生里，总会有人为我们指出一种更好的生活方式。

英雄从向导那里获得帮助。

向导：帮助英雄的人

如果我打算用心修复一个已经破损的故事，在我确认主人公不再显现太多的受害者能量和反派能量之后，我的下一步就是去寻找向导。谁在帮助主人公走向胜利？主人公的知识是从哪里得来的？当主人公需要鼓励的时候，他们会去找谁？

在故事里，英雄无法单枪匹马通关，因为他们不知道通关的法门。如果他们早就知道，那么他们早已独自补全了所有的缺陷。

别忘了，英雄是有缺陷的，是需要转变的。事实上，他们往往是一个故事里第二弱小的人物。只有受害者的状态比英雄更糟。

讲故事的人为了助英雄一臂之力，会派出一名向导。尤达大师帮助卢克修炼成了一名绝地武士。黑密斯帮助凯特尼斯赢得了饥饿游戏。

我在成为一名作家的路上所需要的帮助主要来自我在鲍威尔书店读过的那些书：约翰·斯坦贝克的《关于一本小说的日记》教会了我写作的规则和乐趣，海明威的《流动的盛宴》教会了我如何把控一本书的节奏，安妮·狄勒德的《美国童年》教会了我如何让文字视觉化，安妮·拉莫特的《一路安好》教会了我诚实近乎勇的道理。

在故事里，向导是具有信心和同情心的人物，他做好了帮助英雄获胜的准备。

向导的信心来自他们在属于自己的英雄之旅中多年磨炼的经历。向导清楚自己在做什么，并且能把有价值的知识传递给英雄。

向导的同情心来自他们经历的苦痛。也许你已经猜到了，向导也有充满痛苦的背景故事。

同受害者、反派和英雄一样，向导也曾不得不直面挑战、不公乃至悲剧。想想罗本岛监狱牢房里的曼德拉，还有尽管看不见、听不见也要学习写作的海伦·凯勒。

通常来说，接下来，苦痛这位老师会把英雄转变为向导。前提是，他们面对苦痛采取的态度是接受和救赎。

一名向导的主要特征就是他们会帮助英雄获胜。这种帮助必须来自经验，而他们拥有过的最重要的经验就是把艰难的境遇转化为转变的机遇。

当你欣赏一个故事的时候，故事本身并不是关于向导的，故事是英雄的故事。然而，向导却是故事里最强大、最有能力的角色。他们同时也是最善解人意和富有同情心的人。我们可能会拥护英雄和讨厌反派，但我们总会把最高的敬意留给向导。

当你回想故事里的向导时，可以想一想《龙威小子》里的宫城先生或者《国王的演讲》里的莱纳尔。也可以想一想玛丽·波平斯，她引导一个家庭对人生本身形成了一种全新的、更好的理解。

在我看来，成为一名向导是可以在一个人的一生中发生的最有意义的转变。

就在我写下这些文字的时候，我的妻子贝兹正怀着我们的第一个孩子。知道我们即将为人父母，这让我比任何时候都想知道向导的特征。

我们度过此生的目的并不是要为自己建一座丰碑，而是把我们对人生的理解传递给在我们之后来到这个世界上的人，这样一来，他们的故事才能比我们的故事更有意义。

是不是有这样的可能：我们人生故事的意义其实并不仅在于我们建造了什么东西，而更在于我们塑造了什么样的人。

设想在我们的葬礼上，人们讨论最多的并不是我们的成就，而是我们给人们带来的鼓舞，这样一来，我们的故事的意义难道不会被放大很多吗？

如果说生活会教给我们一些事情，那么看起来应该是这样的：为了他人而牺牲自我是一件有意义的事。这是向导的精髓，而如果我们选择踏上英雄之旅，这就将成为我们每个人的故事的殊途同归之处。

活出一个故事并不是一种选择

人生的残酷之处，不在于它要求我们活出一个故事，而在于它强迫我们一定要活出一个故事。我们在上帝之息的作用下，被迫走入此生。我们在啼哭中呱呱坠地，大口地呼吸空气，而我们利用这空气所做的事情，就构成了我们故事的品质。

我们大可以尽情怨叹这不请自来的人生，但是如果我们这么做，我们就会毁掉自己的故事，因为这是在扮演受害者。我们可以向上帝发火，怪他自做主张地把我们带到这个世界上，但如果我们这么做，那就是在扮演反派。

我们都生活在我们亲手编织的故事当中，这是一个绕不过去的事实。然而，如果我们换一个角度来看，它也可以是一次非凡的挑战。

通往意义之路

只要我们仔细去看，就能在我们的故事里看到一条可以活出更有意义的人生的路径。如果我们能正确地踏上这条路径，它就能引导我们走向转变，完成转变，最终成为他人的向导。

写英雄之旅的好书有不少。还有更多的著作写过关于意义感的体验。但还没有一本书把这段旅程拆解为一个可实践的过程。

正如一个好的故事可以充满意义，我们的人生也可以被意义充满。这是一个毋庸置疑的真相。然而，好的故事要遵循特定的原则。故事构建的原则由来已久，当讲故事的人轻视这些原则时，他们的故事就会遭殃。

我的故事太无聊了，无聊到我甚至都不想再多翻一页——如果你曾经有这种感觉，那就还有希望。哪怕只是随便搜搜那些让故事有意义的原则，就能获得一个更好的人生体验。

当我自己的故事开始变好之后，我注意到很多促进故事改善的原则。而大概在十年前，我把这些原则转化成一份人生方案和每日计划表。

自从我创建了人生方案并把填写每日计划表作为一个晨间仪式来践行，我就始终保持着那份强烈的意义感。人生从来都不是完美的，我也并非一直快乐，但是在我创建了人生方案并使用每日计划表之后的十年里，我从来没有一次，在早上起来的时候，对自己的故事不感兴趣。我写了书，开了一家公司，遇见了一个绝好的女人，并组建了一个家庭。我成家的时间很晚，但是迟做总比不做好。

无论如何，我过去曾厌恶生活，而现在热爱生活。即便有悲剧和不公，人生仍是一场美妙的经历，而我们有幸得以参与到令其美妙的事业当中。一个人所能经历的最悲惨的事情之一就是对自己的生活感到毫无热情。每天起床，相信命运正在书写一个糟糕的故事，而我们受缚其中，这就仿佛我们被囚禁在了自己的皮囊之内。

命运书写我们的故事，这个观点就是一个谎言。**我们并不是在受命运的苦。我们是在与命运合作书写一个故事，这**

个故事产生于上天赐予我们的创造力和能动性。而且这个故事可以变得更加有趣：它可以有意义。

这本书接下来要探讨的，就是该如何做到这一点。

2

英雄承认他们自己的能动性

在过去令人遗憾的数年里，我对自己的生活可以变得更好这个观念视而不见，而对自己需要去创造一种结构与节奏的观念也充耳不闻。我为忽视这些观念付出了惨痛的代价。可以说，拒绝承认我需要掌控自己的人生这个事实，让我损失了整整十年的个人成长时间。

如果我能回到过去，我会更加认真地对待我的人生。确切地说，我会更加认真地对待我的工作。我会在自己的生活里加入一项纪律。

可惜，当时的我完全是心境的奴隶。如果情绪上没有做好准备，我绝不会动笔写作。我会在波特兰闲逛一整天，从一家咖啡馆走到另一家咖啡馆，戴着耳机，听着音乐，艰难地酝酿动笔写下一个段落的情绪。曾有那么几段日子，毫不夸张地说，不管我手头上正在写的是什么书，为了能够继续写出下一页，我得花三天的时间去寻找那种对的感觉。

我还记得霍桑大街上的"共识"咖啡馆里有一把椅子。有一天早晨，我坐在那把椅子上写出了一页精彩的文字，于是我便笃信，我只有坐在那把椅子上才能写出好的文字。在接下来的一个月里，我有一半以上的日子都会在清晨出现在这家咖啡馆。如果有人已经坐在那把椅子上了，我就会走到隔壁早餐店，点一份墨西哥卷饼，然后坐在靠窗的桌边，直到坐在那把椅子上的人起身离开咖啡馆。

我知道这一切听起来都很像作家的生活方式，但是职业作家却并非如此生活。斯蒂芬·金、安妮·狄勒德和詹姆斯·帕特森把写作视为一项纪律。他们像蓝领工人一样按时上班，一砖一瓦地搭建自己的书稿。

我为了寻找一种心境而四处闲逛，这其实是一种受害者心态。受害者的生活受制于外在于他们自身的力量。在波特兰生活的那段时间里，我的写作生活仿佛完全由情绪的阴晴模式所掌控。我能在这种情况下完成一本书，都算是一个奇迹。

不过话又说回来，英雄并不总是像我们想的那样强大。他们常常不愿意行动，需要帮助，充满自我怀疑，而且通常就在他们遇到挑战的那个领域力所不及。

当然，一段英雄之旅会改变他们。英雄还是必须参与其中。他们必须决定踏上旅程。比尔博离开了夏尔①，尤利西斯②扬帆起航，罗密欧翻墙跃入了朱丽叶家的后院。在一个

---

① 比尔博为托尔金创作的小说《魔戒》《霍比特人》中的人物；夏尔为上述小说中的地区，主要居民为霍比特人。——译者注

② 尤利西斯是罗马神话中的英雄，对应古希腊神话中的英雄奥德修斯，特洛伊战争结束后，他在海上漂流十年，历尽艰险方返回故乡。——译者注

故事的某一个点上，人物出现了分化，谁将成为受害者，谁将成为英雄，谁将成为反派，谁将成为向导，这一切都变得一目了然。

我永远也不可能把这一点用语言精准地描述出来，但是在我跟我的室友们共住的那段绝望的日子里，已经有一粒种子被埋下了。我需要改变。我需要认真地对待我的生活，遵守某种纪律。

当英雄为他们的生活和他们的故事负起责任的时候，英雄的转变也就开始了。而只有当他们决定接受生活的事实并以勇气做出回应时，他们才真正地变成了英雄。

可是，我也能理解害怕尝试的心态。如前所述，我也曾很不愿意接纳结构。把自己当成一名受害者可以给我提供一种英雄心态无法提供的东西：借口。

我认为，这是受害者的人生缺乏转变的重要原因。当我们把自己当成一名受害者时，我们就可以不再尝试，因为我们认定自己是无力的。

当我谈到受害者心态时，我所说的当然不是真正的受害者。真正的受害者的确是无力的。他们被囚禁在地牢里，遭受殴打和虐待；他们是真的无路可逃。而在我二十多岁的那段岁月里，我没有一刻是真正的受害者。我只是想要把自己当成一个受害者，因为这样一来，我就不用非得去尝试了。

我常常想，人们向上帝祈求拯救，而后又怨恨上帝没有帮助他们，会不会总有一天回过头来发现，上帝之所以没有拯救他们，其实是因为他们不需要被拯救。他们并不是真正的受害者。

控制点

心理学家有一个专门的术语，描述把掌控权让渡给外部力量这种行为，它叫"外部控制点"。这个词的意思是，放弃掌控权的那个人相信外部力量控制着一切。内部控制点意味着，我们相信我们其实在很大程度上掌控着自己的命运。反之，外部控制点则意味着，我们相信我们在外部力量面前是无力的。

这是我们每个人都要做出的一种重要转变。心理学家已经发现，外部控制点与更高的焦虑水平、更高的抑郁发生率、更低的薪水和更差的人际关系高度相关。

与之相反，内部控制点则与更强的归属感、更低的抑郁发生率、更高的薪水和更令人满意的人际关系正相关。

这些相关性是有道理的。一个不相信自己的生活可以由自己掌控的人，就是一个坐在自己人生的车子里指手画脚的乘客，当"命运"在路上盲目地左右急转时，他只能在座位上被甩得来回摇摆。他没有意识到自己实际上正坐在司机的位子上，手里握着人生的方向盘，可以掌控人生朝着更想去的地方前进。

但是人生中我们真正可以掌控的部分有多少呢？

当然，实际上，我们并不能掌控人生的每个方面。我控制不了天气（尽管我可以决定自己是否站在雨中淋雨），我也控制不了其他人（至少如果我想跟他们保持一种健康的关系，我就不能）。我不能控制我何时何地出生，我的身高，我是否有一副唱歌的好嗓子，等等。

但是有些人错误地认为，因为他们不能控制人生中的某些特定方面，他们就完全不能掌控自己的生活。企业、政客乃至某些宗教领袖就常常趁机利用这一类人。擅于操纵他人的领袖会设法说服你相信，你的问题都不是你自己的错，而只要你相信他们或他们的思想观念，你就会万事大吉。

社会学家在解释个体的控制力与力量的动态关系时使用了另一个术语：能动性。

能动性指的是我们做出属于自己的选择的能力。我们所有人都有能动性。能动性可以被诸如社会阶级、宗教和个人能力等因素进行不公正地限制，但是它几乎从不会被完全限

41

制住。事实上，非常幸福的人们都知道一个秘密：**人类拥有多得超乎想象的个人能动性。**一个人对于一组客观环境做出的反应深刻地影响着他的故事的走向。

回首我的人生，我能清楚地看到我曾在何处埋没过自己的能动性。我在孩童时期曾放弃过能动性。我的爸爸在我两岁的时候离开了我们，而我的妈妈在那时重新开始工作。她没有大学文凭，于是只能在一家炼油厂做秘书。她每天早上很早就起床去上班了，所以我每天都是和我的姐姐一起走路去上学。我们身上穿的都是妈妈缝补过的衣服，因为我们没钱买新衣服。我在食物中找到了慰藉，只要是甜的东西，我都会塞进嘴里。我的体重开始激增，并且毫无争议地成为学校里最胖的孩子。这个情况又自然而然地导致我在校园里遭到了同学的霸凌。

当你受到霸凌时，你有两个选择：你可以反击，或者你也可以躺下装死。我选择了躺下装死。在很大程度上，这招是管用的。如果我是无力的，那就没有人会烦我了。我学会了保持无力的状态，并且更糟的是，我相信了自己是无力的这个谎言。

当然了，那是一段艰难的时期，而我也能体谅自己的过去。但是别忘了，每个故事里都有一个人物的分化点。成为受害者的人物相信他们是无力的，并抱着这样的信念行动。

而成为英雄的人物则承认自己的能动性，直视客观环境，奋起正面反击。

我对我的人生感到惋惜的地方在于，我在承认能动性这件事上花了太久的时间。如果我早就明白这个道理，并能更早地完成那次转变，就能挽回很多荒废的岁月。如果我在少年时代和二十多岁时就已经挺直了腰杆，那我就能在那个时代享受到多得多的乐趣。

事实上，在贫困家庭长大也好，步行去学校也好，包括感到有点被人忽视，这些都不见得一定是多么糟糕的事情。我多么希望我在当时就能像今天一样为自己的养育条件感到骄傲。我的母亲工作很勤奋。她足够爱我们，才会为我们缝补衣物。我们的日子很艰苦，但是，只要你愿意，艰苦的日子就会让你变得坚强。只不过，我过了很长时间之后才有了这个意愿。

但如果我们真是受害者怎么办?

让我更加惋惜的一点是，我在很长一段时间里扮演受害者的角色，而与此同时，世界上还有那么多真正的受害者。

我的妻子在一家名为拯救自由（Rescue Freedom）的组织里担任理事会主席的职务。拯救自由组织帮助的对象是人口贩卖活动中的幸存者，这个组织协助他们逃离、寻找安全住所以及从创伤中恢复，以便他们日后重新开启充满意义的健康的人生。这是一个真正美好的组织。

每当我想到真正的受害者时，我想到的就是拯救自由组织帮助过的那些孩子。我曾在自己并非无力的时候自视为一个无力的人，现在想想真是令人羞愧。事实上，即便是拯救自由组织帮助过的那些人口贩卖活动中的幸存者也没有被称作受害者。他们被称为幸存者，因为他们就是那样的人。那些孩子是强大的。他们是英雄，只是在奋起反抗压迫者时需要某些帮助。他们是故事里拥有明亮而闪耀的未来的人物。他们不是被施舍的对象。

真正的受害者一旦重获自由，可以很容易转变成英雄。事实上，那些曾经的受害者，如今的英雄幸存者，他们反而是最强大、最勇敢地拥护改变的人之一，因为他们亲历了这个世界上存在的压迫和苦痛。

维克多·弗兰克尔是我最喜欢的哲学家，也是一个真正受害者的绝佳案例。他凭借着纯粹的意志力，召唤出英雄能量，改造了自己，活出了一个非凡的故事。

他在 20 世纪 30 年代发明了一种名为意义治疗的疗法，引导把自己视为受害者的人转入一种有意义的人生。意义治疗指一种引导人找到人生意义的疗法。弗兰克尔使用这种疗法治疗有自杀倾向的病人，而这种疗法奏效了。他的病人开始制订计划方案，参加集体活动，并有意识地重塑自己的苦痛，看到苦痛的益处。在这个过程中，很多病人经历了一种积极的转变。他教他的病人认识到了自己的能动性。

弗兰克尔认为，即便处于极度的苦痛和折磨之中，人生仍是有意义的。他的学说得到了检验和证明。然而，1938年，正当这名心理学家倾注心力撰写一部阐释自己学说的手稿时，纳粹入侵了维也纳。身为犹太人，他遭到了逮捕。就在他被捕前，他的妻子提莉把他的手稿缝进了他的大衣内衬里，好让他有机会继续自己的写作。可就在进入集中营的第一天，他的大衣和手稿就被夺走了。他的心血付诸东流。

接下来，纳粹把这名心理学家和提莉分开关押，不让他们见面，而提莉当时正怀着他们的第一个孩子。然后，她在集中营被杀害了，腹中尚未出世的孩子也同样遇害。弗兰克尔很快便得知，他的父亲和母亲也被杀害了。他的沮丧与难过可想而知，他差一点就产生了自杀的念头。

但是，他并没有了结自己的生命，而是认识到他的人生依然可以拥有一个目标。对于自己尚能控制的部分，他承认自己仍有能动性；不知道他究竟是如何做到的，但即便身在集中营，他也开始在自己的脑海中重写那份手稿了。强制性的劳动和死亡的威胁围绕着他，但他没有停止过自己的写作，不允许集中营的管理人员夺走他仅剩的能动性。

在集中营，他认为俘虏们虽然遭到了如牲畜一般的对待，但是他们的人生仍有意义。有的同伴会来找他对质，挑战他的这种观点。

弗兰克尔对这些同伴解释说："我们的故事会流传出去，而一旦暴行为世人所知，世界就会知晓，这里有一种必须抵抗的恶。即便他们杀死了我们，我们的人生也达成了一个目标。我们的人生是有意义的。"

维克多·弗兰克尔奇迹般地成为集中营的幸存者。重获自由之后，他继续向每一个遇到挑战的人宣讲，人生如何为我们提供了一种深层的意义感。他鼓励那些在困境中产生绝望感的听众重塑他们自己的故事。他鼓励这个世界上的人们，要认识到，无论是顺境还是逆境，人生总是美好的，而我们都能为这种美好的生长做出贡献。

弗兰克尔重写了自己的手稿，出版了《活出生命的意义》这部著作。这本书也成为他的代表作，畅销至今，已售出超过1 600万册。

弗兰克尔的思想中最重要的一点就是个人的能动性。他指出，相信人生有意义是我们的选择。我们可以选择去体验这种意义，前提是我们要围绕一个更大的目标结构我们的生命。

维克多·弗兰克尔帮助我理解了自己从受害者向英雄转

变的过程中所经历的一切。没有任何一个思想家比他给予我的帮助更大。我写过很多关于故事的内容。另有一位学者，约瑟夫·坎贝尔，他的著作同样卓越，而且确实帮助我理解了故事的要素以及这些要素如何有效运作以解释生活。然而，弗兰克尔有关意义治疗的思想，则铺成了属于我自己的英雄之路。

如果维克多·弗兰克尔都没有把自己看成一个受害者，那我就一点借口也没有了。我们所有人都没有借口。我们每个人都可以重塑我们的故事，结构我们的生活，从而让我们体验到一种深切而圆满的意义感。

在意识到受害者心态给我带来了多大的损失之后，我开始怀着一个更大的目标去写作。我决定把每一个早晨都用来写作，不管自己的心境如何。

我当时还没有为我的人生创造出我将在本书中勾勒出的那种定义明确的结构，但是我确实已经决定我想要出版著作了。于是我写了一本书。一个出版商与我签约，而我为了讲好故事竭尽全力。

写第一本书的时候，我相信它会成为一本畅销书，而我的转变故事也将由此实现。然而，这本书只卖出了三十七册，其中有二十册都是我妈妈一个人买的。这本书失败了。

但是如果一个英雄不经历挫折，故事就会变得很无聊。

挫折和挑战是一个故事里能够改变我们的唯一要素。可是我当时还完全不理解这一点。我只是觉得自己失败了，并为此懊恼不已。

说到底，我已经做好自己该做的事了。我挺身而出，并严格要求自己写下了所有的文字。命运欠了我一本畅销书，还有一顿跟奥普拉共进的晚餐。

那本书的失败开始了又一段充满诱惑的时光。受害者鱼饵在我的眼前晃来晃去，香味扑鼻。我对自己的天赋估计错误。我花了一年的时间给世界写了一封信，却没有一个人想读。

于是，我的故事在这里又出现了一个角色分化点。我仿佛能够看到自己眼前有两条路。我可以选择扮演受害者，也可以选择扮演英雄。受害者的路为我提供了一个借口，它用其他人将为我献上的同情来诱惑我。可是我已经知道那边的故事有多么辛苦和空虚了，所以我还是决定选择另一条更好的路。

我开始把眼光投向光明的一面。写过一本没人听说过的书，这让我有了一个茶余饭后的绝佳谈资。

"所以你写过一本书？我能在书店买到它吗？"

"它不在架上。但是如果你去柜台问店员，他能帮你订购。你还可以去图书馆借阅，但是借阅的话，我就没有版税拿了。"

我继续写作。第二本书就大卖了。可我的体重还是超重很多。在我的读书签售会上，等我朗读完毕，读者开始排队找我签名，当我开口询问他们受赠者是谁时，呼吸里都带着汉堡的气味。我穿着大号的毛衣，即使天气很热也不脱下来。我在吸引异性方面依然表现得极其糟糕。但是歪打正着，我因此呈现出一副弱者的面貌，而读者恰恰中意这一点。在读书会上，人们看我的眼神充满希望：一个看起来一边看电视一边不加节制地狂吃冰激凌的人，都能在某一天写成一本书。

我不断尝试。我减了一些体重。我还找了一个女朋友。当那段关系告吹之后，我又找了一个女朋友。

然后，我开始用更多的纪律来建构我的生活。多亏了弗兰克尔，外加一些其他的作家，还有我用于研究自己缓慢缩窄的肚脐上的绒毛的大量时间，我终于清楚了自己一直以来求索的东西到底是什么。

弗兰克尔一语中的：**我一直以来求索的东西就是意义。**

他给意义开出的药方十分简单。我将在下一章讨论它，并谈及我个人的体验。但是，就其本质而言，就是要把你自己投入一个故事里，并在其中努力完成某件重要的事情。你接受挑战。然后，如果可以的话，克服这些挑战。

我摆脱受害者心态的过程，跟我的减肥历程如出一辙：

缓慢，断断续续，并常常遇到挫折。但是，如果你想在一年里减掉十二磅①，结果一年过去却反增了四磅，那我还是有办法帮你的。你唯一必须做的事情，就是投入大量的心思。这也许是一场持久的战役，但是直到你减掉体重之前，你可以一直穿着大号的毛衣。

意义也有同样的道理。你承认自己的能动性。你把你的控制点从外部移到你自己的内部。你持续展开有目的性的冒险，你就能体验到意义。你拥有一个目标，你克服挑战，你在打字机里装上下一页纸。你每天早起，把故事情节向前推动。我生活的目的性越强，我的人生方案和每日的结构越聚焦，我的转变就会越大。

在面对写作下一本书的挑战时，我感受到了意义。在教堂里为了要跟一个女孩讲话而心生胆怯时，我感受到了意义。在买一只小狗时，在爬一座山时，在学习划独木舟时，我都感受到了意义。

这与你的实际情况可能有些微出入，但我相信你已经能理解了。为了体验意义，你必须接受自己拥有能动性这个事实，并带着目的进入你自己的人生。

关键在于，当你为你的人生赋予结构并去体会它时，人

---

① 一磅约合 0.45 千克。——译者注

生就会产生它有意义的感觉。

我在那时开始意识到，人生和故事写作共享着某些规则：如果人物不想要某个东西，不愿意面对挑战，不去尝试艰难的事情并追求成长，那么故事就不会成功。

如果我们不想要某些东西、不愿意面对我们的挑战，不去尝试艰难的事情，那么我们的人生故事也不会成功。

我当时还没有完全了解那些规则是什么。我仍然处在设法弄清楚它们的阶段。但是我确实已经认识到，我对自己的生活拥有强大的控制力，特别是对自己的态度。还是那句话，我承认了自己具有能动性这个事实。而我的人生也慢慢地开始走上了正轨。

要是人生并不是没有意义的呢？

那年晚些时候，一个朋友的朋友邀请我们聚到一起谈论写作。他是一名年轻的作家，还没有作品出版。他读过一本我的书，想知道出版流程是怎么样的。我们坐下来聊了一会儿，我渐渐意识到，他是一个虚无主义者。他拒绝接受人生有意义这个观念。

谈话间，他谈到自己的存在带来的巨大负担，正当他发表不乏诗意的高谈阔论时，我打断了他。

"要是人生并不是没有意义的呢？"我问。

"你什么意思?"他说。

"我是说,"我说,"有没有可能,人生是有意义的,而你只是不得不以某种特定的方式生活才能体会到那种意义?有没有可能,辩证的逻辑推理没法给你答案?"

"还是没听懂。"他说。

我其实不应该采用这样的措辞,但我还是说了出来:"要是人生本身不是没有意义的呢?有没有可能只有**你的**人生是没有意义的呢?"

我们在此之后并没有成为朋友,但是我依然认为这是一次站得住脚的洞察。

有没有这样一种可能:人生就像一个故事,而你和我都在我们自己脑海中的剧场里,透过双眼的镜头看到故事徐徐展开,而这个故事是否有意义,取决于我们决意要在其中发生的事情?以及,有没有可能:如果我们托付命运来书写我们的故事,它就不会产生有意义的感觉,但如果我们承认自己的能动性,以一种特定的方式结构我们的人生,我们的生命就会变得充满意义?

我想,我的答案对我朋友的朋友来说还不够好。我想,他是想先拿到人生有意义的证明,然后才愿意去体验那个意义。

但是在我看来,意义可以被体验,但不可被证明,这一整套观点变得越来越有道理。我无法解释自己为什么开始体验到一种强烈的意义感，也无法解释我为什么对每天早起开始工作越来越感兴趣。我只是知道，意义正在发生。

而这一切都在于构想出一个故事并活入其中。这一切都在于像一名踏上征途的英雄一样生活。

我相信，有数以百万计的人，在童年、高中和大学的故事结束之后，他们就坐在脑海中空荡荡的剧场里，看着片尾的字幕滚动，等待着命运告知他们下一个故事是什么。可是一旦我们成年独立，我们的家长、老师和文化环境就不会再告诉我们该做什么了。我们必须为自己构想出一些事情来。

坐在我们脑海中的剧场里，等待着某件事情发生，这是一种不安的状态。我现在会使用一个专门的术语来描述这种不安，即**叙事的虚空**（narrative void）。不再对你自己的故事感兴趣，主要是因为这个故事已经失去了趣味——这是很多人生活的方式。而这真是一件令人悲哀的事。

这正是我早已开始理解的东西。而且我在过去的二十年里，每一天都对此更加坚信。

我的生活并不比任何其他人的生活更容易，而且我也不总是快乐的。但是，我的人生是否有充满意义的感觉呢？对这个问题，我的答案是肯定的。它有意义。

很多故事都行不通。每个优秀的作家都曾把成千上万页草稿丢进垃圾桶里。没写好就是没写好。人生也是同样的道理，并不是每一天都会顺利。

但是有很多我努力活出来的故事，它们真的有了绝佳的进展，而我对此感到十分开心。贝兹和我们即将出世的孩子，这本书，我的公司，我们的家。我不再是过去的那个人了，因为我选择去生活的故事已经把我转变成了另一个人。

在故事里，迎难而上的人物会发生转变。他们不得不转变。过去的那个人已经不足以战胜如今的挑战了。他们不得不变得更强大、更谦虚、更温柔、更聪明。他们为了翻过那道墙，不得不去改变。

而在随转变一同出现的与日俱增的苦痛之中，也会有一种对意义的体验。

我不能证明这一点。但是回到过去那一刻，我确实开始感受到它。而直到今天我仍然能感受到它。

当我们作为受害者而生活时，我们不会体验到深层的意义感，而当我们作为履行重要使命的人物而生活时，我们就能体验到。

那么，我们如何才能承认自己的能动性，并且用一种可以体验到意义的方式生活呢？我将在下一章处理这个问题。

3

英雄选择过一种有意义的人生

在很长一段时间里，我都认为"意义"是一种哲学的观念，只有当你认同一套观念时，你才能体验到它。我如今不再相信这是真理了。事实上，我认为一个人根本不可能通过相信一套观念来体验到意义。相反，我相信意义是某种你在行动的状态中体验到的东西。

意义是存在主义的。更精确地说，它是你在特定情境下经历的一种情感状态，而那些情境可以由我们来创造，并且相对来说很容易创造。

要想体验到意义，一个人只需要站起身，指着地平线，然后抱持着深深的信念，决定朝着一个有意义的故事勇敢迈步出发。意义是你在一场冒险之旅中体验到的某种东西。

反观受害者，他们体验不到深层的意义感。受害者没有处于行动的状态。他们没有在努力地完成某件事情、建设某种东西或者创造一个新的世界。相反，他们认定自己是无力的。这也再次解释了为什么我回首自己的受害者岁月时，会把它视为一段被糟蹋的时光。

现在，我体验着一种深层的意义感，我很开心。我曾投入多年的时间研究神学和哲学。那是美好的几年，但是我错误地认为，关于意义世界的研究能为我提供一种意义感。研究爱情并不能让你坠入爱河。爱情是在某些特定的情境组合下发生的。

再次重申，**意义是一个人在向前迈入一个故事的时候所体验到的东西**。还有一个绝好的消息是，这个故事可以是我们自己创造的。我们并不是一定要托付命运为我们书写一个故事。**我们可以自己写这个故事。**

而所有这一切又引出了这样一个问题：要想体验到一种深层的意义感，有哪些规则是我们必须遵守的呢？

一个创造意义的配方

我在前面已经谈到，我是维克多·弗兰克尔博士的拥趸。关于他的工作，我已经说了很多年，也写过很多东西，这是因为，从各方面来说，他都救过我的命。或者至少可以说，他显著地提升了我的人生品质。

我遇见维克多·弗兰克尔的那一天，恰恰是我最有可能接受并理解他观点的那一天。

大约在十五年前，我加入了几个朋友组织的一次横跨美国的骑车旅行。我们把几乎一整个夏天都花在了这次旅行

58

上。我们从洛杉矶出发，到特拉华州结束。

这是我从受害者向英雄转变的初始阶段。那时候，我正开始从我的受害者壳子中挣脱出来。我的自我认同正开始从受害者心态向英雄心态转变，但我在生活里还是十分愚钝笨拙。不管怎么说，我开始逐渐认识到，人生最好的生活方式就是在行动的状态中生活。我已经出版了几本书，而且正在证明自己有精神上的毅力，但是我的身体还是一坨糨糊。我报名骑车旅行，就是因为我想看看自己到底能不能成为一个可以去做辛苦的、消耗体力的事情的人。

这场骑行绝对是一件辛苦的、消耗体力的事情。美国是一个面积很大的国度，特别是当你在没有引擎助力的情况下横跨大陆时，它就显得更大了。可是，令人惊讶的是，我很享受这次挑战。从某些角度来说，这是七个星期的强制冥想时间。我在自行车的两个脚踏板一上一下交替的节奏中找到了安慰。美国乡间小路沿线数以亿万计的栅栏柱，还有被我们的齿轮滚珠声音惊吓而转头逃走的牛群，都传递出一种与大地之间的微妙联系。由沙漠远端向我们袭来的风沙，给我们带来一种感觉，就是我们在与友好的和不那么友好的怪物们分享这个世界。

我们当时绝对是生活在一个故事里：爆掉的轮胎，冰雹，热衰竭，翻车，食不果腹，口渴难耐。每天都要尽我们所能，向前行进一百英里①。意义就在那些英里数里。我们是向东而行的人物，我们相信只要一直踩踏板，就会有一个大洋出现在我们面前，告诉我们，我们已经完成了转变，我们是那种可以做辛苦事情的人。

可是到了骑行的最后一周，我开始出现一种顾虑重重的不安感。我之所以不安，是因为我注意到了过去十年里的某种现象：当我开启一段冒险时，我体验到一种意义感，但是当冒险结束时（比如一本新书面世、一次重要的发言完成、走进一段情感关系），我就会崩溃。但凡我做完了某件不错的事，意义感似乎也会随之消散。而且它消散得极快。

我有一些最悲伤、最抑郁、"爬不下床"的经历，就发生在取得一次重大成功之后的那段时光。

意义发生在你让一个故事展开的时候

我现在已经知道，当一个故事结束、片尾字幕开始滚动的时候，你就一定得展开一个新故事了。

我在那场跨美骑行的最后几天里产生的那种感觉，出自一段求索之路的结尾，那是一个故事忽闪而过的结局。在临

———————

① 1英里约合1.61千米。——译者注

近骑行最后一日的前几夜，我躺在床上想到，骑过特拉华州，进入亚特兰大，这将是多么伟大的一件事。但我也知道，有一种在那里停留过久的诱惑存在。这是一种押长胜利时刻的诱惑，要你坐在原地，盯着一张空白的纸，而不是在打字机里再装上一张新纸，开始书写下一个故事。

在最后冲刺前，我们在华盛顿休息了一天。我们环绕国家广场骑了一圈。我们骑得很快，状态极佳。我们从白宫骑到国会大厦，然后没有几分钟就到了乔治城。我们穿梭在计程车和公交车之间，跟着车流的速度，甚至还会超越一些行驶较慢的汽车，趁它们在交叉路口被堵住，亮起刹车灯的时候。我的状态从来没有这么好过，此后也没再有过了。这是我人生中第一次体验到一个运转良好的身体带来的兴奋感觉。

在华盛顿的一家书店里，我遇见了维克多·弗兰克尔的《活出生命的意义》。

这本书的标题看起来很大胆，同时也很像是回应我的顾虑的一个答案。在骑行横跨美国的途中，我当然体验到了意义，但是我发现自己还不知道如何才能维持住那种意义感，使之继续不断。

我之前听说过他的书，但是还没有读过。因为我知道自己在回家的飞机上需要一本读物，所以就买下了它。

第二天是激动人心的日子。我们在短短三个多小时的时间里骑行了七十五英里。特拉华州地势平坦，面积不大，从华盛顿出发，可以很快抵达海岸。我们很快就抵达了。群山、沙漠、逆风、酷日，通通被我们甩在身后。故事即将抵达终点而激发的肾上腺素为我们的双腿灌注了能量。在亚特兰大城外十英里的地方，我们摘掉了头盔，畅享海洋的气息。我猜我们所有人都流泪了。道路两旁的高大草丛摇摆起伏，如海浪一般向我们招手，推着我们前进，然后——就到了！大西洋浩渺广大，如同一只宇宙的浴缸。我们推着自行车来到海岸，把它们丢在沙子里，纵身跃入海中。

我们在海里游了很长时间，不敢相信我们真的做到了。

然而，当这一切发生的同时，我心里知道，明天，或者后天，又或者再过几天，那个无意义的幽灵又会开始缠上我了。休息一下是没问题的。休息是好的。但是你不能停步太久。即使在一次伟大的冒险之旅之后，我们也必须开始构想出某些新的东西来。

我能听见那个幽灵轻声碎念的低语：**意义是只有在行动的状态中才能体验到的东西**。

在回家的飞机上，维克多·弗兰克尔给我的不安感觉起了一个名字。他把这种不安称作**存在的真空**（existential vacuum）。当我们完成一次冒险之后，我们让自己呆坐在脑海中的剧场里，盯着一块空荡荡的屏幕。他给这种状态起了一个精准的名字。"存在的真空"看起来就是那个最恰当的词。

现在看来，我相信很多人都生活在这种存在的真空里。这种感觉就是，生活应该更好、更有趣、更好玩、更值得、更圆满。

维克多·弗兰克尔说的没错。生活提供的一切美好的特征都可以发生，而且应该发生。事实上，在 20 世纪 30 年代的维也纳，他曾是一名杰出的神经学家和精神病学家。20世纪初，弗洛伊德的精神分析学说开始流行，主张人类的行为是由人对快感的欲望所驱动的。弗兰克尔不同意弗洛伊德的观点。弗兰克尔说，人并没有一种渴望快感的意志，而是有一种渴求意义的意志。人类在找不到意义的时候，才会通过追求快感来转移自己的注意力。

我们为什么如此不安？因为冰激凌并不能提供意义，只是在分散注意力；因为酒精提供的安宁感是虚假的；因为肉欲并不是爱情。

弗兰克尔说的没错。当我们无法找到一种意义感时，我们就用快感来分散自己的注意力。

一种有意义的人生的配方

弗兰克尔为一种有意义的人生开了一个实用的配方，它包含三种要素：

1. 创建一份工作或完成一件事情。

2. 体验某件事或结识某个人。通过这件迷人的事或这个迷人的人把你从自我中拉出来。

3. 面对任何一种客观环境，无论是挑战还是苦难，都有能力选定一个积极的视角。

我在阅读《活出生命的意义》时，从头到尾回想了一遍我们刚刚完成的横穿美国的旅行，以及这次努力所带来的深层的意义感。我意识到，以上三种要素全部在场。我们有一个具体的目标：从太平洋骑行到大西洋。我们还经历了某些美妙的事情，对我们而言，这些事比我们自己更有趣：彼此的陪伴，以及显而易见的一路风光。在日出时踩着踏板穿越约书亚树国家公园，攀上蓝色山脊公园道漫长的高山缓坡。最后，还有那些挑战：每一天都是痛苦的，但是这些痛苦都是为了一个目的。这些痛苦创造了只有当你跟朋友们共同承担挑战时才能体会到的厚重的亲近感，并让我们变得更加强大。

这一整段旅程，很像我写过的那些书或完成过的项目，形成了一个小故事。不知不觉之间，我们每一个踏上旅程的人都像背负使命的英雄一样生活了一次。我们把自己投入了意义治疗之中，由此体验了一种深层的意义感。

然而我又意识到，即便你在活入一个故事时体验到了意义感，也并不意味着意义会持续存在，这才是我最深刻的觉悟。以上三种要素，但凡有一种缺席，你就不再能体验到一种意义感，这时便会返回存在的真空。

很多人生活在存在的真空里，而没有意识到他们可以很轻松地再次体验到意义。他们只需要再展开一个小故事，然后投身其中就好了。

想一想你生命中最不安、最忧虑的日子。你有没有被一个要求你投入注意力的项目吸引？你有没有被身边的美和身边的人迷住？你有没有能力反思你的苦难，认识到它虽然免不了带来苦痛，但是同时也能以某种方式丰富你的人生？

如果那三种要素中任何一种缺席，那么意义感就很可能耗尽，而你只能呆呆地盯着自己的肚脐，扯着上面的绒毛，对着灯光问出这些傻乎乎的问题：**我为什么在这儿？人生为什么如此空虚？**

其实我们每个人都在生命中的不同时间偶然地撞见过弗兰克尔的配方——意义是通过在一个项目上采取行动、被外在于你自己的某人或某事迷住以及给自己的苦痛一个目标来发现的。

但于我而言，直到我意识到，只要我们想要，我们就能在任何时候让意义发生，我才算彻底觉悟。

换句话说，人类有能力创造意义。

如果我们选择一个项目去开展；如果我们打开自己的心扉，去接纳艺术、自然乃至其他人的美；然后，如果我们还能为不可避免的痛苦找到一个救赎的视角；我们就会体验到一种深层的意义感。

意义感觉起来像什么？

在我看来，意义感觉起来并不像快乐甚或快感。我在体验意义的过程当中也经历了很多糟糕的日子。意义比快乐、快感更好。它感觉起来更像是目标。当我体验到意义时，我的生活仿佛在一个重要的故事里扮演着一个重要的角色。我还没有办法证明目标感具有天然的正当性，但是这几乎不重要。当我体验意义时，它**感觉起来**就仿佛我的人生是一个故事，它对我自己来说是有趣的，对这个世界也是有益的。

我有很多朋友，他们在尝试证明人生有意义时，会持有某些宗教或哲学的观点；可是他们却没有在自己的人生中体验到意义，因为他们没有启动一个故事。

有多少人，他们坐在教堂的长椅上聆听关于上帝的教义，可是回到家里却仍然不安。为什么会如此呢？或许是因为，我们无法通过研究意义来体验意义。换句话说，我们是通过采取行动来体验意义的。即便是耶稣，他说的也是**跟我走**，而不是**把我研究明白**。要是体验意义就需要对行动有要求呢？

除此之外，我还相信意义在哲学上和神学上是不可知的。不管你是无神论者、基督徒、穆斯林，还是任何持其他信仰的人，你都能体验到意义，就像不论是无神论者、基督徒还是穆斯林，都能体验到快乐和爱情一样。

意义不是一个有待认可的观点。它是一种感觉，当你像一个背负使命的英雄一样生活时，你就能获得这种感觉。而如果不采取行动，不活入一个故事当中，你就体验不到它。

在我学会如何创造意义之后的几年里，遇见同样正在体验意义的其他人是一件很有趣的事。我能一眼认出他们来。他们正在组建一个家庭或者公司，他们正在带领一个队伍，他们正在努力写作一本书、录一张专辑或者为一次艺术展创作足够多的艺术品：他们都处在行动的状态之中。他们正在建设某样东西。

不仅如此，他们还把自己的目标和对挑战的感激组合在一起。他们不是受害者。他们知道苦痛是人生的一部分。他们知道他们可以利用苦痛帮助自己转变成更好的自己。说到底，我们所有人都会经历苦痛——为什么不让它改善我们的性格和人生的前景呢？

最后，他们都不是以自我为中心的。他们被这世界吸引，倾心于艺术、音乐和自然；他们专注于自己的项目；他们关注那些他们认为是自己给这个世界带来的美。

而且因为他们是建设某样东西或成为某种有用的人的故事的内部人物，所以他们不仅在体验意义，也在经历转变。

我发现，"我们这种人"——这个世界上与我最合拍的人——并不是认同我的宗教观点乃至我的政治观念的人，而是那些作为由他们自己创造的故事里的人物展开生活的人。

我们可以决定去体验意义

在我生命中的这个阶段，有些时候，我开始沉迷于设计自己的生活，好让自己能体验到最大的意义。我开始更有策略地生活。我像作家策划故事一样设计自己的生活：我先确定一个目标（就像作家为他们的主人公所做的那样），然后拥抱挑战，从错误中吸取教训，同时每一天都想在情节线上努力加点东西。没错，我做的所有这些事情，都是为了优化意义感，并让自己留在这种意义感的内部。

并不是每件事情都会一帆风顺。如我之前所说，我们不能控制生活的所有面向。但是当我们处于行动的状态中时，我们会幸运很多。我控制了正在经营的项目，控制了我面对冲突时采取的态度，还控制了我创建的社群。我控制了我写的书、我保持的日程，还有每天早起的纪律。我带着目的生活。

我在那时注意到，当你动起来的时候，生活更愿意与你相遇；而你动得越多，生活往你的路上抛撒的机遇就会越多。

为了让度过有意义的人生这件事变得更容易，我创制了一份人生方案。我会在本书的最后为你展开呈现这份人生方案。与此同时，我还创制了一份简单的每日计划表，以保证我能按计划走在正轨上。在我眼里，人生方案与作家眼中的故事大纲有些类似。作家首先策划故事，然后才动笔书写。如果由于故事的发展方向与动笔之前的设想有出入，需要改动大纲，那么没问题，但是事先设计好一个大纲，就设定好了一个方向，也培养好了开始写作的灵感。而每日计划表是我保持遵守纪律的一个小秘诀。如果我填好了某一天每日计划表的那一页，我就总是能够比不填的时候更顺利地开展我自己的故事。

人生方案和每日计划表帮我树立了三个重要的观念。第一个是维克多·弗兰克尔关于如何体验到意义的配方。第二个是我通过研究发现的几乎出现在每个故事里的四种主要角色，以及扮演这些角色会如何影响到我们的人生品质。第三个是把我学到的一切应用在生活里，并充分利用这种非凡的

（而且永不过期的）创造意义的机会的需求。

我一开始并没有认识到，我们都需要做得很好，才能够像背负使命的英雄一样生活。但仅仅是意识到我需要主动进取地投入生活，而不是放任生活在我的身上发生，就足以大大地改善我的整体体验了。

随着时间的推移，我的人生方案真的发生了变化。每一年，我的欲望和生活赠予我的机会似乎都在指向稍有不同的方向，而我会基于这个较新的方向微调我的人生方案。尽管如此，如果没有提前创建一个人生方案，我的故事就会瓦解，最后沦为一种叙事的虚空，即存在的真空。

我使用自己创建的人生方案已有十年之久，在这期间，每一年似乎都在变得更好。

如前所说，为了创建我的人生方案，我又回顾了弗兰克尔在他的意义配方中描述的三种要素。

1. **创建一份工作或完成一件事情。**生活邀请我们成为重要的和必要的人。如果我们每天早上醒来时都有一个任务要去完成——特别是当这个任务有其他人共同参与时，或者假如这个任务完不成，其他人就可能遭受某种苦难时，我们就成为这个世界上必须存在的人。我们感受到自己有一个目标（我们确实有）。我想，弗兰克尔在创建一份工作或完成一件事

情时，真正想说的是："给自己一个早醒下床的好理
由。如果你做到了，你就能逃离存在的真空。"

2. **体验某件事或结识某个人。**我们应该认识到，我们
在这个世界上并不是孤单的一个人。事实上，这个
世界，以及在这个世界之上铺展开来的故事往往令
人心生敬畏。我们都知道，我们如果把自己最棒的
人生体验与他人分享，那么这份体验便会得到极大
的升华。按照弗兰克尔的说法，为了体验意义，我
们应该与一小组我们所爱的人和爱我们的人形成羁
绊，或者说，我们应该找到某样东西，使我们的焦
点转移到我们自身之外，汇于我们周遭世界的美好
之上。一段孤身穿越森林的漫步于灵魂有益，正如
一次参观艺术展之行可以提供灵感和一种心灵扩充
的感觉一样。关键在于：遇到某样东西，把你从你
的自我中拉出来，好让你的世界变得更大。

3. **面对任何一种客观环境，无论是挑战还是苦难，都
有能力选定一个积极的视角。**虽然在我看来，弗兰
克尔配方中的三种要素都很有帮助，但对我做出转
变帮助最大的，还是最后这个要素。归根结底，弗
兰克尔认为，任何有可能发生在我们身上的负面事
件都有以某种方式得到救赎的可能。"救赎"是我的

用词，不是他的原话，但是我觉得这个词很贴切。

我所说的救赎是指，作为人，我们有能力把最痛苦的悲剧转化为某种有意义的东西。弗兰克尔认为，我们理应承认悲剧的存在并为其感到悲伤，但是悲剧也能带来某种有益的东西。并不是说悲剧是好事。没有人想要经历悲剧，也不应有人非经历悲剧不可。这里的意思只是说，我们可以从悲剧的灰烬中创造出某种美好的东西，而伴随着我们的痛苦创造出某种有意义的东西时，我们便开启了疗愈伤痛的过程。

受害者心态还有一种危险，就是它不允许我们救赎自己的苦痛。那些把自己视为受害者的人看不到苦痛的好处。虽然苦痛常常令人难以忍受，但它在创造一种力量，或者一种温柔，或者至少是一种对人生真实本质更加深刻的认识——人生常不易。

苦痛的好处不应被忽视。

在故事里，英雄要转变成更好的自己，苦痛是唯一的途径。如果你写一个英雄转变的故事，而不让这个英雄经历一番巨大的苦痛，听故事的人就不会相信这次转变是真实的。他们可能会责怪作者太过天真。

出于直觉，我们知道苦痛是使我们发生转变的力量。

弗兰克尔称，一个人不可能经历一种找不到救赎视角的挑战。这是一个大胆的论断。可是我们没人敢说这个人天真。

当被问及他的家人和朋友在纳粹的手上经历的死亡的意义时，弗兰克尔给出的回答是，虽然这些已发生的事是十足的折磨，且我们应该全力反抗这些暴行，但是他的妻子、孩子、母亲、父亲以及此外几百万人的死亡都服务于一个目标：这些死亡向这个世界证明了罪恶的存在。

虽然他绝不会祈望几百万犹太人的死亡，但是他也不愿意这个故事像大多数悲剧一样，抱着巨大的缺憾收尾。他把自己的意见视为一种声明：欧洲犹太人的死亡将服务于一个有意义的目标，即向世界发出一则警告。

救赎我们的苦痛，这个需求不仅在全球及历史的维度下有效，对于个人而言同样成立。

我们必须把伤害过我们的事拿过来，改造成一种内在的力量，也许甚至可以改造成一种防御机制，让此类事件不再发生。

在我看来，我们若要从受害者转变成英雄，这个观念即重中之重。受害者在苦痛中沉沦，而英雄则拾起苦痛，把它转化成某种对自己和他人有用的东西。

显然，当我们谈论从受害者向英雄的转变时，我们真正在说的是**疗愈**。

受害者痊愈后，就变成了英雄。而英雄强大之后，就变成了向导。

我的朋友艾莉森·法伦是一名优秀的作家。我和她联手组织了一个小型的业余项目，名为"书写你的故事"。在这个小小的工作坊里，我们会带领参与者反思他们在人生中克服过的某些艰难的事情。然后我们会要求他们继续反思，他们在迎来这次挑战之前是一个什么样的人，而战胜挑战之后，他们又变成了一个什么样的人。随后，我们教他们用某种特定的故事公式，在大约五页纸的篇幅内写出这个故事。

坐下来静心审视自己面对的挑战，并意识到它们让你发生了哪些转变，这应该是每所高中都布置过的一项必选练习。坐下来想想你所经历的事情，想想这些挑战让你变得多么强大。通过这些思考，你的自我认同便会得到提升。你会意识到你比想象中的自己更加强大，而且你还会意识到，自己是一个有趣的人。

几乎每个人都克服过某些很艰难的事情，并且在这个过程中得到了转变的机会。然而，却很少有人充分地实现了转变，因为他们陷入了自己旧的自我认同当中不能自拔。你要静下心来，意识到你所克服的一切，这样才能相信自己的力量。你体内的反派总是要把你体内的英雄贬低得一文不值。审视你自己的故事，就可以让这个反派闭嘴。

我几年前的人生方案中包含这样一个部分：我要在一块土地上建造一处家园，这里面有一个巨大的马车房，供人们见面聚会用，还要有一处客房，供人们来访歇脚。我不只是想建造一处住宅，而是想建设一个可发展为一方社区的处所。我把这个愿景分享给贝兹，我们便携手走进了这个故事。我们如今已经建成了这个家园：马车房建好了；客房还在施工中，但是在这本书面世不久后，也会建好。我们给这个地方起名叫"鹅山"，这是在致敬我们那只巧克力色的拉布拉多犬——"小鹅"露西。因为露西总是热爱生活，也一直热爱人类。人们总问我，最喜欢这块地方的哪个部分，而我总是告诉他们，我最喜欢的是马车房里的书架。在马车房里，我们贴着后墙打了一排通顶的书架。当有人写完一个故事之后，我会用三眼打孔机把故事装订好，放到书架上的活页簿里。这是我想让我的女儿生活的地方，在这里，她每时每刻都不会忘记，一个人可以如何度过自己的人生。如果有客人想要寻求鼓舞，他们只需走到马车房里去，阅读那些人战胜过的挑战，阅读那些因为接受挑战而发生转变的美妙方式。今天，马车房里的书架还是空的，但是随着我们持续邀请人们写下他们战胜过的挑战以及那些挑战让他们转变的方式，书架上将会摆满充盈着鼓励与鼓舞的卷册，供有心之人静坐研读。

如果我们善加引导，苦痛便可以服务于一个目标。还是那句话，虽然我们无法控制世界上发生的所有事情，但是我们的确可以掌控自己的视角。我们可以选择把不公和过度的苦痛掌握在手里，令其服务于我们自己的故事，让我们发生转变，也让我们变得更好。

如果可以选择，弗兰克尔当然会选妻子和孩子的生命，而不是他们的死亡带给世界的启示。可在没有选择的定局下，他不相信他们的死亡毫无价值。他们的生命，乃至他们的死亡，都服务于一个目标。

意义是我们每天都在创造的东西

受害者和反派既不为自己创造意义，也不为世界创造意义。英雄和向导则恰恰相反。我们可以通过各种方式来建造有意义的生活，比如陈述目标、接受挑战或是与他人分享我们的生活。

当那场漫长的骑行正式结束时，我知道我需要构想出另一次冒险。我需要采取某种行动，与他人分享这种行动，并接受这个新的目标所带来的不可避免的挑战，因为那些挑战将刺激我的成长。

当我从特拉华州返回自己家里时，我感觉到这件事正在发生。我躁动不安地坐在沙发上，收看电视机里播放的环法自行车赛。我的双腿需要动起来，我的脑子也需要动。我会早早起床，骑行五十英里，仅仅为了找到一种正常的感觉。我每天摄入接近一万卡路里的食物，因为我的新陈代谢仍然保持在横跨全国骑行的竞速水平上。我决定不再让自己就这么坐着不动了。抑郁的阴影逐渐迫近。我能感觉到存在的真空吹到我脖子后面的气息。

仅仅一个月之后，我就发现自己已经踏上了一段支持总统候选人的全国旅行。我的身份是一名代理发言人，为不同的人群宣讲父亲缺位带来的问题，并告诉他们这位总统候选人如何掌握了最佳的解决方案。而这位候选人所属的政党偏偏与我立场不同。

那时候，我不认同自己属于民主党或共和党，并且真心认为这两个党派造成了太多的破坏和严重的两极分化，这些早就抵消了他们各自主张的议案所带来的好处。不管怎么说，我当时支持的候选人成功地入主白宫。一年之后，我发现自己又加入了一个总统顾问委员会，参与编写有一本书那么厚的总统目标评估体系，这些目标也许能在一个看似男性正逐渐被贬低的文化里提升对父道的尊重。

这又是另一个故事了，但是它与我此刻讨论的话题有一个相关点，就是它说明我在骑行结束之后并没有经历一次崩溃。我避开了叙事的虚空。我没有丢失意义感，而是在竞选巡游路线上简单地找到了一个新故事。我在飞机上睡觉，在机场的卫生间里想方设法理平衬衫上的褶皱，还曾在一辆车的后座上睡觉。当时，我和一小帮朋友正带着我们的口号周游摇摆。在这些时候，我都感受到了某种特定的意义，甚至是某种振奋的快感。

在接下来的几年中，当选的总统将把我们提出的每一个观点付诸实践。庆祝父亲节成为白宫的一项重大活动，用以展示父亲在孩子生活中的重要性。他扶持致力于帮助狱中的父亲与孩子重聚的非营利组织，甚至为这些父亲提供了更多狱外服刑的理由。一些互助指导计划也获得了联邦政府基金的拨款。

我为我们完成的这些工作感到骄傲，但是这些工作并不是纯粹无私的。我本人也从这些工作中得到了很多东西。我得以逃过了存在的真空，没有任由命运书写我的故事。我得以躲过了崩溃和沉沦。

我在竞选巡游的路上陆陆续续收到了一些当年横跨美国骑行的伙伴的消息。我们每个人所遭受的生理上的伤痛都是刻骨铭心的。我们的身体一团糟。我们的脑子也成了一团乱麻。很多人在焦虑和抑郁中挣扎，而我们所有人都希望再聚到一起，踩着脚踏板，从大西洋骑回太平洋。我们都曾开玩笑说，回那个沙滩相见，调转方向，再骑一程。

可是，实际发生的，是某种会在我们很多人身上发生的事。一个故事结束，另一个新的故事便不得不开始。对于大多数人而言，童年的成长是一个有趣的故事。随后，我们在高中的故事里生活，然后是大学，然后是婚姻，然后是孩子，再然后，好吧，可能什么都没有了。在某一点上，生活不再给我们提供事先写好的故事脚本。片尾字幕滚动。很少有人能想明白，此时他们需要创造一个属于自己的故事，才能找到叙事牵引力。在某一点上，生活将拿掉火车的轮子，强迫你创造一个故事，一个比因信任命运而带来令人不安的无聊更好的故事。

当故事脚本结束而我们又没能为自己写出一个新故事时，中年危机就来了。

关键在于，当一个故事结束时，另一个故事必须开始。如果我们想让这个故事把我们从一种无意义感中唤醒，那么这个故事就必须包含维克多·弗兰克尔在意义配方中列出的三种要素。

如果你带着我在本章讲到的这种观念生活，会感觉很不同，就仿佛你在这个世界上拥有了一个想要追寻的目标。

在这本书后面的部分，我会为你全面讲解我领悟到的范式转型，还会为你演示为了体验意义而创制的计划人生和组织时间的工具。

在骑行活动和政治活动结束之后，我把我的人生方案和每日计划表正式落在了纸面上。在使用这些工具的十年里，我再也没有丢失过意义感。我把这种意义感视为自己的救命稻草。这套工具就附在本书的最后。我的团队还为这种人生方案和每日计划表开发了一个在线软件，能让你在社区语境下体验这些工具。当你有朋友完成了重要的任务，你真的可以收到来自他们的新消息，如果他们把自己的人生方案标为公开可读，你还可以通读他们的人生方案。这套方法已经帮到了上千人，而我也很乐于收到人们的信件和邮件，让我知晓他们运用这些工具真的发生了转变。

这一套方法已经涵盖在本书中，如果你读完这本书，相信你可以彻底理解如何为自己创造一个有意义的人生。

我们的故事可以证明人生有意义

人生有意义吗？我相信有。不得不承认，有些时候，人类生命中那些不可思议的美会让人驻足徘徊。落日时天空所唱之歌，歌者拾一柄吉他所绘之卷。在我眼中，还有我和贝兹的孩子在贝兹腹中的闹动，我们在后院打理的花园，一首好诗，一席佳肴。没错，人生充满了挑战，有悲剧元素，但也有美妙之处。而且人生是有意义的。它有意义，是因为我们让它变得有意义。

维克多·弗兰克尔曾说，我们没有权利质问人生是否有意义，反而是人生有权质问我们：你愿意让你的人生有意义吗？或者说，你愿意忍受存在的真空吗？

有一天，一位研究神学的朋友远道而来，我们一起出门散步。我和朱莉结识于孩提时代，相熟已久。每次我们有机会聚在一起聊天叙旧，我都很开心。当我还是孑然一身时，她和她的丈夫曾邀请我去英格兰北部参加一场希腊东正教的朝圣活动。在聆听宣教之余，我们会一边饮茶，一边深入探讨灵魂的问题，试图辩明神学中是否有某种通往完整性的部分，或者更重要的一个问题，为什么我们迄今所得的神学启示都无法制造一种完整性的感觉。

然而，这一次，我同朱莉的谈话却有了一点不同的感觉。我已经有近十年没有跟朱莉一起散步聊天了。当我们谈到宗教和我们的文化时，我发现自己对挖掘哲学或神学深处的答案已经兴趣不大了。我甚至后来又专门给朱莉发消息说，有些事情已经改变，我在生活中想要的东西已经不一样了。我不再追求答案。相反，我接受人生的既定条件，即便很多问题没有答案，但我仍然想要充分利用这些条件，去体验生命的意义。这并不是说我没有信仰。我认为自己是一个虔诚的人。但是我真的不想得到更多的答案了。对于确定性答案的探寻往往会引发紧张激烈而有时又徒劳无功的交谈。我宁愿心怀感恩，而不是全知全能。朱莉回消息说，她也产生了某些类似的体悟，我们的想法十分相似。朱莉是一位知名的神学家。她当然要从事研究工作。我相信，她说我们的想法相似，意思是她如今更多出于好奇心以及一种与神建立某种联系的愿望而从事研究，而不再是为了填补对答案和确定性的不可餍足的欲望。

少年时代，当博诺大声吼出他还没有找到他所追寻的东西时，我曾跟着他一起高歌。我现在仍然会跟着博诺一起唱，但是感觉却大大不同了。我仍然没有找到自己追寻的东西，但是我已经发现了一种深层的意义感，于是我对其他任何东西的求索都不感兴趣了。我已经得到了满足，即便尚有未知。我不再想用一生来追寻某种求而不得之物。我想把越来越多的兴趣放在我被赠予的机会之上。

简言之，我分心于意义，并甘之如饴。

那么，我们如何活出一种有意义的人生呢？还是那个答案。首先，我们要确定一个目标。我们选择某种我们想要带给这个世界的东西，或者加入某个能给这个世界带来某样东西的团体或运动。其次，我们与他人分享我们的经验，允许自己对他人感兴趣，对外在于我们自己的美感兴趣。最后，我们接受挑战乃至悲剧，承认它们为事实。我们当然会竭力避免它们发生，但是当它们确实发生后，我们不会沉湎于遗憾与哀怜当中。挑战是痛苦的，但是只要我们愿意，它们就能服务于一个目标。

我已经把这种生活方式视为如背负使命的英雄一样的生活。

甚至就在我敲出这个句子时，我还在害怕它会听起来有点傲慢，仿佛以这种方式生活的我们就成了英雄，而其他人则不是英雄。但是好话不嫌多：英雄并不是完美的生物。事实上，他们常常也很软弱，不愿意行动，感到害怕，并且亟须帮助。

把英雄与非英雄区分开的唯一特征，就是英雄愿意接受挑战，而这一挑战最终将使他们发生转变。英雄采取行动，这也是他们如此擅长体验意义的原因。

你喜爱的每一个故事中的每一位英雄都曾想要某种特定的东西，也都愿意为了得到它而做出牺牲。你喜爱的每一个故事中的每一位英雄都经历过苦痛与挫折，但也都找到了一个让他们得以继续向前的视角。而且你喜爱的每一个故事中的每一位英雄都想要实现一个伟大的目标。

而因为他们走进了一个故事里，所以他们都经历了一次转变。在故事的结尾，他们都成为一个比在故事开头更好的人。

我经历过转变，我希望以持续不断的转变继续定义我的生活。磕磕绊绊、反反复复也好，担惊受怕、亟须帮助也罢，我知道如果一个人不断前进，不断走进新鲜的、令人兴奋的故事中去，他们终将变得更好。

健康的人成长。健康的人转变。

4

一个人转变的必备要素有哪些？

你是否有过这样的经历：同多年不见的好友重逢，畅谈之后，你忽然意识到他们完全没有变化。完全没变的意思是，他们还在讲同样的笑话，反复活在同样的故事里，还在同样的难题中挣扎。

遇到一个没有变化的人，我们会感觉奇怪，这是因为人天生就是会变的生物。当我们没有发生变化的时候，就意味着有些事不太对头。

我曾是一名回忆录作家，所以我进行过很多的反思。我写过我的恐惧、我的不安全感，甚至我的失败。我用那种一以贯之的口吻写了六七本书，希望逐年记录我的改变。坦白说，想一想我过去写下的那些东西，有时候还是挺不好意思的。我自己的家里没有收藏任何一本我写的书，或者至少没有一本书是我故意收藏的。于我而言，昨天就是昨天，我更愿意为今天和明天而活。话虽如此，我之所以不回头读自己的旧作，主要是因为我发现我几乎认不出过去的自己来。过去的书中大多数的观点我还是赞同的，但是我发现我在这些书里连篇累牍的抱怨和诉苦令人厌烦。这并不是一种令人羞愧的忏悔。我为写下这些书的孩子感到骄傲，但是我也为这个孩子后来变得更好了而感到自豪。

在过去的十年里，我开始转型写商业书籍。我的写作带有了更多的权威性，因为我比过去更相信自己了。时不时会有人评论说，他们怀念过去那个老唐。但实话实说，我并不怀念过去的我。过去的我比现在更肥胖、更孤独、更刻薄，而且人际关系也十分糟糕。

从我的角度看，我变得更健康了。健康的人会养成一种纪律，并从他们的错误中吸取教训。这些都是可以引发变化的特质。我不能像过去那样写书了，因为我不再是过去的那个我了。

有时候人们不想让你改变，因为改变会要求他们耗费太多的脑力，才能重新在他们的头脑中认出你来。他们想让你保持愚笨、缓慢和安全的状态。过去的你在他们的社会建构中构不成一个威胁。但是我认为，健康的东西都会变化，只有不健康的东西才会保持不变。要我说，向前走吧，转变吧，让其他人去想办法适应吧。他们用不了多久就会学会欣赏你变成的那个人，并在他们的心里为你设置一个新的位置，一个更受尊敬的位置。

我喜欢我生活过的故事给我带来的变化。我不完美，但是我比过去好了很多。说到底，如果这个方法没有用，我们怎么会花这么多精力在上面? 这个方法对我很管用, 就像写成那些书所必需的自我反省一样管用。我现在已经不一样了。我在任何时候都会选择当前版本的老唐, 而不是旧版的。现在的老唐更快乐。

那么, 为什么有些人在变化, 而另外一些人却保持不变呢? 为什么有些人举步维艰, 而另外一些人却能不受羁绊呢?

活出一个故事是转变的唯一方式

我们喜爱的故事大多围绕经历转变的人物展开。英雄在旅程开始的时候往往是一个不情愿的参与者, 还没有做好行动的准备。但是, 当甘道夫给比尔博讲了魔戒的传说, 或者当凯特尼斯顶替她的妹妹加入饥饿游戏时, 他们都借助一起诱发性事件被迫进入了故事当中。之所以故事里总有这样的事件发生, 是因为它们在现实生活中就是存在的。某些事——或者说得更精确一点, 一系列的事——发生在我们身上。我们被迫行动。我们离开家乡, 坠入爱河, 或者心碎……我们的房子失火, 我们的汽车熄火, 我们赢得彩票, 我们因为一次投资失败而破产……这些事件向我们提出了挑战, 而正是通过接受这些挑战, 我们发生了转变。正是通过接受这些挑战,一种积极的演化过程开启了。这些挑战让我们得以向我们证明自己,也向这个世界证明自己。

当有艰难的事情发生时,受害者接受失败,而英雄却会发问:**"这为我们创造了哪些可能?"**

随便举一个成功的生意人的例子,我都可以为你展示一个从屡次失败中吸取教训的人。随便说一个找到理想伴侣的男人,我都能为你展示一个心碎过多次的男人。

我们经历的苦痛和挑战将把我们凿刻成更好的自己。当然,凿子的冲击很疼。但是如果我们能忍住疼痛,凿刻的成果便是一个有能力为自己和他人创造更好的世界的人。

英雄必须有想要的东西

并不是非得有一起诱发性事件,故事才能开始。其实只需要一点好奇心就够了。英雄开始琢磨,如果完成了 X 或者建成了 Y 会怎么样,故事便就此开始了。

我想,人们不发生改变的原因之一,就是他们从不离开夏尔。

很多人在自己的生活中不再有想要的东西了。我们杀死了自己的欲望。当某件事行不通的时候,我们误以为别的事也都行不通。也许我们逐渐开始相信,如果不再有想要的东西,我们就能降低失败的风险。归根结底,不想要某种东西是一种自我防卫的形式。我们选择打安全牌,而不再冒险尝试。

我觉得这是很多人正在面对的悲哀现实。每一个故事都在讲一个想要某种东西的人物。在一部电影的任何一个时间点上,观众都应该知道英雄想要的是什么。她想要推翻统治,他想要赢得冠军,她想要重建在洪水中失去的家园。英雄必须离开他们舒适的生活,去追求某些有风险的事业。英雄必须想要某种东西,必须采取行动去获得它。若非如此,故事就缺失了叙事牵引力。

这里又涉及另一种指向转变的特征:英雄必须想要某种**具体的**东西。

如果一个故事讲述的是一个想要取得成就的人的经历,那么它听起来很可能是无聊的。这个故事到底讲的是什么?我们都想取得成就。这个家伙有什么特别之处吗?他在追求的是哪种成就呢?

如果我们埋头前进的方向是某种定义含糊的东西,我们就会直接回到存在的真空当中。如果我们想要的是幸福,那么绝对会感觉找不到方向。我们想要的必须是某种能让我们幸福的**东西**,而这种东西需要有一个具体的定义,只有这样,它才能在我们的脑海中设定一个故事命题。我们有能力参加今年春天的马拉松吗？我们会创立那个皮划艇公司吗？我们会卖掉房子，置换一座农场吗？

一个讲故事的人必须定义英雄想要的确切的东西。他们想要赢得空手道锦标赛冠军。他们想要挽救自己父亲的公司。她们想要嫁给自己心爱的人。

一旦英雄明确了他们心仪之物，故事就开始了。而为什么故事会开始呢？这是因为，如上所述，一个故事命题已经设定好了。听故事的人，以及英雄本人，都被一个简单的问题吸引住了：英雄会得到他们想要的东西吗？

当听故事的人无法确定英雄想要的东西是什么的时候，或者当英雄想要的东西对听故事的人而言太过含糊以至于难以理解时，听众便会意兴阑珊，百无聊赖。

这对我们当中想要避开叙事的虚空的人来说，又是一次警告。如果你什么都不想要，你就没有生活在一个引人入胜的叙事里。当我们什么都不想要，或者当我们无法准确地定义我们想要的东西时，我们就成了一个活在没有情节的故事里的人。

我们不要假装无欲无求是某种悠然自得的状态。没有想要的东西是一种非常令人煎熬的情绪状态。我们可以想象自己坐在脑海中的剧场里，不知道自己想要什么东西，又必须日复一日地观看一个令人困惑的故事，故事讲的是一个迷迷糊糊的人像水面上的浮萍一样随波逐流，飘荡无依。

当我们什么都不想要的时候，我们不只对自己的生活失去了兴趣，而且还让其他人也对我们失去了兴趣。我从来没有听说过，有任何一个故事里的公主会说她的梦想是遇到一位骑着白马的英姿勃发的年轻人，而这位年轻人告诉公主，自己什么都不想要。

倘若如此，我猜她宁可嫁给那匹马。

正如弗兰克尔所言，我们必须有一个愿意为之采取行动的项目。而当这次行动结束以后，我们必须有下一次行动，而后是再下一次。正是渴求某种东西，我们才得以走进生活，并应对生活的挑战。而正是通过应对这些挑战，我们才得以发生转变。

我们想要的是什么不重要。我们不会在渴求之物中找到意义，我们是在对渴求之物的追求当中找到意义的。

只要我们想要的东西是对我们有益的、对世界友好的，我们就至少掌握了体验深层意义感必备的一种因素。不论我们是想赢得一场舞蹈比赛还是创作一首交响乐，是想创办一家公司还是组建一个家庭，我们想要带给世界的那个东西都会邀请我们走入生活本身。

那么，假如我们什么都不想要，我们该怎么做呢？我遇到过很多提出这个问题的人。但每当此时，我都会问他们，有没有喜欢的东西。他们喜欢音乐。他们喜欢园艺。他们爱自己的家人。事实上，他们都有很多想要的东西；他们只是没有安坐下来，把他们对生活的诱人愿景表达出来。

你不是热爱音乐、园艺和家人吗？那就组建一支家庭乐队，在一家本地的农贸市场里演唱有关蔬菜的歌吧。这不就有了一个有趣的故事了吗！我不会买你的唱片，但是依然会为你喝彩。

关键在于：不要致力于选出一个正确的目标并为了做出选择而踟蹰不前。纠结于做什么事才是正确的，这就相当于采用了一个外部控制点。而答案并不在外部，它在你的内部。而且也不存在唯一的答案，答案有上百万种。唯一错误的答案就是什么都不想要。正确的答案是指向地平线上一个具体的点，并开始前行。

英雄必须应对他们的挑战

人不发生转变的原因还有两个：一是他们回避挑战，二是他们不从挑战中学习。

可是，还是那句话，挑战或者说冲突是我们发生改变的唯一途径。没有苦痛，就不可能有转变。

维克多·弗兰克尔在他的系列讲座里向他的听众提出了

一个这样的问题: 回顾自己生命中最艰难的时光, 如果你有能力删除这些日子, 你会选择删除吗? 如今你既然已经度过这段时光了, 你还会想让自己从未这样活过吗?

对大多数人而言, 这个问题的答案是否定的, 他们不想删除有关这些艰难岁月的记忆。他们不想祈祷这些苦痛的时光消失。当然, 情况并不总是这样。失去了一个孩子。做了一个破坏信任的决定。有些时候, 我们希望时光可以倒流。但即使是在这些情况下, 我们也会在苦痛中经历个人的成长。当你做出不守信义的决定时, 你会认识到自己的局限性, 而这会让你更加谦卑。当你犯错误的时候, 你会认识到自己的短处, 进而为了不一样的生活而发展自己的性格力量。

我的公司能取得当下的成功, 唯一的原因就是我早年经历过种种生意上的失败。我在成为一名畅销书作者之后, 因为一次短期投资失败而输掉了自己所有的积蓄。那时, 我刚刚把自己花光老本购置的房产卖掉, 然后把这些钱全部投入了一个风险投资项目里。结果在一个星期一的早晨, 我一觉醒来, 发现这个项目没了。至少有一个星期的时间, 我每天睡觉前都以泪洗面。我不知道自己什么时候还能再次见到那么多的钱。我已经彻底搞砸了。

但是我从那段艰苦日子里学到的有关赚钱和管钱的知

识，比在哈佛学习十年能学到的都多。苦痛令我开始投入关注。而正因为我开始投入关注，所以才发展出一段成功的生意。现在，我和贝兹每年给慈善事业的捐赠，都不少于我在那个星期一早晨损失的数目。

帮助我变得更加强大的并非只有金钱方面的挫折。我还记得有一次，那时还比较年轻，我要坐飞机从芝加哥飞往波特兰。因为体型太大，我只能申请加长安全带。坐在我邻座的乘客每次动弹的时候，都会发出低声的抱怨，好让我知道，他们对我侵占了他们的座位空间有多不满。

我坐在那里，为自己感到难过，但是这种自怜并没有转化成目标或行动。相反，我相信只要我为自己感到足够难过，只要我是一团足够悲哀的腐烂 DNA，那么上帝总会以某种方式为我感到难过，而我的问题也会随之自行解决。

生活在所有这些苦痛的重压之下，并没有让我发生转变。年复一年，我没有改变。还是那句话，在故事里，受害者不会转变。他们直到故事的最后仍是与故事开始时一模一样的人。在故事里，受害者扮演的是无关紧要的角色：他们衬托英雄的好，映照反派的坏。但是他们不发生改变。他们不会变得更强大。他们的问题也不会自行解决。

我当时还没有意识到的是，苦痛的发生并不是要击垮我们。**苦痛是在邀请我们变得更强。**

直到我得到了帮助,我才开始攀登那座我在山脚下逡巡许久的高山,并把受害者心态转换成英雄心态。我开始锻炼。我开始改善饮食。我开始慢慢地减重。我开始改变。我开始改变的原因,有一部分是我进入了一些要求我减重的故事。关于减重的故事是一回事,而关于骑自行车横跨大陆的故事则让健康的体型变成了必要的前提。当一个故事要求转变时,你就更有可能发生转变。

维克多·弗兰克尔甚至推断说,苦痛是生活有意设计的内在部分,折磨是生活拷问我们乃至培养我们的方式。

但是我们该如何应对不公呢?不要让它打败我们。相反,我们要补救它造成的影响;我们要经受那种恶意的考验,使我们蜕变成更好的自己。再次重申,我们必须抵制散发受害者能量的诱惑。

一个朋友曾经对我说:"你可以选择诉苦,你也可以选择进步。"

也许人生本就不是一次畅行无阻的兜风。也许我们此生的目的并不是消遣享乐。也许生而为人反而是为了肩负一份崇高的使命呢?

如果我们每天睁开眼,都认为生活理应是轻松惬意的,那么我们必将经历糟糕的一天。生活并不轻松,也并非理应轻松。

生活常常是有趣而充满快乐的，但这并不是生活的重点。**生活的重点在于活出一个伟大的故事，体验意义，而这往往涉及应对挑战。**

我们有责任带着勇气闯荡这个世界。从很多角度来说，带着勇气投身于生活就是我们的义务。拥抱这种义务，我们才能找到成就和意义。

对此，没有比泰戈尔的诗更好的表达了：

> 我睡去，梦见
>
> 生命是欢乐。
>
> 我醒来，看见
>
> 生命是职责。
>
> 我工作——快看，
>
> 职责即欢乐。

英雄从他们的错误和不幸中吸取教训

我们都遇到过另一种类型的人：他不断地犯同样的错误。他加入一个社群，结识了一些好朋友，然后做出某种借钱不还的事。当面对质问时，他总是扮演受害者的角色，而不是为他的行为负责。他不承担责任。这令社群备受困扰，社群的其他成员明白自己被利用了。然后他就离开这个社群,进入另一个社群,结果是借了更多的钱,再次欠钱不还,大家不欢而散。

一个人究竟为什么可以一遍又一遍地犯同样的错误,却又从不吸取教训呢?

对我而言,从自己的错误中吸取教训是从卸下自负并愿意承认自己真的犯错误了开始的。我的想法可能是错的。我的态度可能是有害的。我的世界里存在的问题很可能就是我自己。

如果我们不愿意承认我们在犯错,我们就永远不会从错误中吸取教训。

可是,令我困惑的是,有些人就是不会承认错误。仿佛一旦他们承认自己做了某些错事,他们的安全就受到了威胁。无论如何,这些人都不是我们的问题。他们将不得不承担他们的自负所带来的后果,并且不停地进入新的社群,然后一次次从头再来。

对其他人而言,失败就是一次教育,错误也是教育,甚至坏的行为也可以成为一种教育。

如果我们把错误视为一套课程而不是一次审判,那么我们转变的速度就会大大提升。失败、苦痛、错误乃至发生在我们身上的不公都会带来好处——只要你给它们机会。

所以，英雄是如何转变的呢？他们为自己的人生定义一个具体的目标，他们应对挑战而不回避它，他们从错误和不幸中吸取教训。

转变是一条自然的路径

转变是自然的。没有人现在长得跟自己刚出生的时候一样，而当我们年老时，我们看起来又会跟自己中年时期的样子大不相同。

健康而有生命力的东西都在变化。这句话反过来说也没错：死物不变。一块石头不会发生变化，因为石头是没有生命的。

引发变化的，是我们想要某种东西的愿望，以及我们为达成心愿而应对诸般挑战的意愿。

不过，在我们想要某种东西之前，我们可能还得首先解决另一个问题：在我们内心深处，可能一定程度上认为，我们不应该想要任何东西。

有些人就是不会梦想自己和他人能够拥有一个更加光明的未来。

有些人相信他们此生不配得到任何东西。更糟的是，有些人之所以不想要任何东西，是因为他们不想引人注目。在他们看来,生存的要义在于藏锋守拙。

但是在我看来,什么都不想要就是不想参与人生的故事。这近似于不想接受上帝的馈赠。

要想创建我们的人生方案,并使用我将在后面给你的每日计划表,我们需要先确定自己想要什么东西。

每当我坐下来写一个故事的时候,我都会先从一个人物开始。我想象着这个人物,然后问自己一个决定故事走向的问题:这个主人公想要什么?

当我结识一个新朋友的时候,这也是我最爱问的一个问题。当然,我们首先还是得寒暄一下,等到谈话逐渐转入正题,我就很爱问:"你正在努力创造的东西是什么?你给这个世界带来了哪些此前没有的东西?"

如果他们在回答问题时给出了精彩的答案,我就会知道,自己眼前的这个人是一个背负使命的英雄。有时候,我确实能听到精彩的答案。

5

英雄知道他们想要什么

在本书稍后的部分，我将帮你创建属于你自己的人生方案。但是，在创建这个方案之前，你需要为你的人生确定某种目标。你想要得到某种东西。

在故事里，英雄想要得到某种东西。他们想要赢得冠军，或者拆掉炸弹。他们想要屠杀恶龙，或者在拼字比赛中获胜。

如果一位英雄什么都不想要，故事就没法开始。事实上，我们喜欢故事的原因正在于他们设定了一个足够有趣的故事问题，能在一两个小时或者一两百页内抓住我们的注意力。

如果我们不确定自己在生活中想要的东西，那么我们的生活里也就没有故事问题了。而如果没有故事问题邀请我们采取行动，我们就会丧失对自己生活的兴趣。

当我们对一个故事感兴趣并愿意了解故事内容时，故事就有了叙事牵引力。大多数人在他们自己的生活里没有找到叙事牵引力。他们觉得自己的生活无聊且无趣，所以他们就一边刷短视频，一边嫉妒那些看起来正在度过精彩人生的人。

但是，当你对自己的故事感兴趣时，别人的故事就没有那么大的威胁了。他们过上了有趣的生活，你也一样。

再说一遍，要想在我们的生活中体验到叙事牵引力，我们就必须想要得到某种或者某些东西。当我们想要得到某种东西的时候，我们就有理由从床上爬起来，应对挡在这个东西和我们之间的挑战。当然，这些挑战会让我们发生转变。

仔细想想，所有的行动都是由故事环的开闭所驱动的。我想跟贝兹约会，所以我冒了一次险，向她发出了邀请。我想写这本书，所以我赌上运气，写下一句话，然后一句接着一句写下去。

这些目标带给我的故事问题创造出一种叙事牵引力，让我保持对自己的生活的兴趣。这是我想共度余生的那个女人吗？这本书会成功吗？

如果我们什么都不想要，那我们就没法让故事开始，而我们也承担了对自己的生活失去兴趣的风险。

对某些人来说，想要得到生活中某些具体的东西是一件麻烦的事。

有些人觉得得到东西是困难的。也许他们在成长的过程中受到的教育是，资源很稀缺，如果他们想要生活中的某些东西，那么他们本质上是在攫取别人的东西。

　　还有一些人，他们的父母可能会培养他们想要得到某些特定的东西，比如一份高薪的工作或者一种严苛的宗教信仰。但是等他们长大以后，他们发现自己根本不想要这些东西。然后，他们对自己应该想要什么东西，就毫无头绪了。

　　还有一些人想要的东西太多，又有太多的可选项，每当要做出选择，这些念头就会让他们感到力不从心。

　　虽然英雄必须想要得到某种东西才能让故事开始，这是事实，但这并非一种道德上的义务，这也是事实。我们每个人都有按照自己所愿的方式生活的自由。

　　话虽如此，如果英雄什么都不想要，那么他的故事就不能吸引观众。我也相信，如果一个人什么都不想要，他就很难对自己的生活保持兴趣，也很难体验到意义。

　　虽然体验意义从任何角度来看都不是一种道德义务，但是它显然是一种不错的生活方式。坐在原地拔自己肚脐上的汗毛并不是一种很有趣的度过人生的方式。这种故事会很快变得无聊，让人坐立不安。

英雄不羞于想要某种东西

　　一个人在生活中什么都不想要，它的逻辑可能是这样的：当人们有想要的东西时，环境就会遭到破坏，并引来谋

杀、抢劫和欺骗。我不想成为这些人中的一员，因此我也不想有任何想要的东西。

但是，因为有些人想要不健康的东西，所以自己就什么都不想要，这个答案无法令人满意，也不能解决世界的问题。让我们不要假装什么都不想要是某种高风亮节了。明知世界上有人饱受饥苦而"不想要"帮助他们，这条情节线只能属于一个糟糕透顶的故事。这一生想要某种东西，可以有无数高尚的甚至道义上的理由。人类所有进步的发生都源于一个人或一些人想要某种东西。

我曾读过一本书，作者鼓吹一种扭曲的宗教教义，声称只要我们清心寡欲，不再想要任何东西，我们所有的雅皮士烦恼都会自然消失。让我们仔细审视这一观点。

我们如今的文字之所以存在，是因为许多年前，人们想要通过书面文字的形式联结彼此。学校存在，因为人们想要学习。经济存在，因为人们想要机遇。轮子存在，因为人们想让生活更轻松。马路存在，因为人们想要旅行。法庭存在，因为人们想要正义。家宅存在，因为人们想要一处安身之所。

这个作者能够写一本书来告诉人们不要渴求任何东西，唯一的原因是这本书可以用文字写成并印制出版，这些文字的读者是学过阅读的人，这本书的出版需要一家出版公司，这本书要通过出售来赚钱，要由在马路上行驶的有轮子的卡车运输，而卡车驶过的马路正是由想要出行的人们建造的。甚至连这个作者的著作权也需要由法律来保护，而法律则是由渴望正义的人们创造的。作者没有著作权，就不能合法地收取版税，也就没法用这些版税购置自己的家宅。

想要在这个世界上创造某种新的东西不是坏事。想要坏的东西才是坏事。

英雄想要某种互惠互利的东西

我们没有谁的动机是完全纯粹的。

我们乐于把人生想成黑白分明的样子，人要么是好的，要么就是坏的。而这又成了一部分人不想要任何东西的理由。他们察觉到自己的动机里有一部分不是完全无私利他的，所以他们就扼杀了自己的欲求。

但是，在现实中，只有当我们想要的东西对我们自己和他人都有利时，进步才会发生。如果我们坦诚地看待自己完成的"善意行为"，那么几乎就每一次行为来说，我们都得承认，自己因为做了一个有善心的人而收获了一点快乐。我不认为这有什么错。

我要创办一家商业教练公司，是为了帮助小企业学会如何发展。还有一个原因是，我从小家境贫寒，对自我价值没有安全感。我努力工作，是为了不再穷困。这个理由高尚吗？我在高尚度上给自己的打分是 B−。话虽如此，如果不是受到从小家境贫寒而产生的不安全感的驱使，我就不会有足够强大的动机去创办一家公司，也就无法为上千家小企业提供帮助。

混合动机给我注满了能量。如果你对自己足够诚实，你就会承认这种动机也会给你注入能量。

下面我要说一个复杂的句子：我无条件地爱我的妻子，因为我认为她很美，还因为她也爱我；所以，我对妻子的爱并不是无条件的。

我觉得，那些认为自己的动机完全纯粹的人，都有一点自欺欺人。

这里就不得不提到**写出故事**和**活出故事**的区别了：在写的故事里，人物常常需要黑白分明；要么是纯粹的反派，要么是受害者，要么是英雄，要么是向导。但是你和我却绝对不可能以如此纯粹的方式生活。我们的血管里总有一些受害者和反派的血液在流淌。你永远也不可能像你想要的那样无私。

真相就是，你在有服务他人的动机的同时，也有服务自己的动机。

正因为如此，当我们想弄明白我们要生活在什么样的故事里时，我们应该寻找那些互惠互利的事情。

如果在你听来，我说的好像是过一种混合动机的生活，那正是我的意思。你理解得没错。我不相信你能有纯粹利他的动机。如果你说你有，那么我不相信你说的，也不相信你有自我觉知。请原谅我的判断。我只是认为上帝生活在天上，而我们这些凡人是跌落尘世的生物，我们理应接受自己是不完美的。

很多人完全不采取行动，因为他们不想追求任何给他们带来自私或贪婪感觉的东西。我很理解。我们应该时时警惕自己自私的天性。但是不要忘了，如果你在援助饥民这件事上抱有混合动机，饥民依旧能得到食物，而且我认为他们并不真的在乎你的动机。

如果你仔细分析故事，就会发现英雄都有不可思议的缺陷。他们常常具有原始欲望，还会做自私的事。他们并不总是勇敢的，而且他们也不总是帮助身边的人。但是无论如何，他们在努力。他们为了变得更好，会对抗自己的原始欲望。这也正是我们会爱上他们的原因所在。

英雄想要分享

事实上，如果一位英雄完美无瑕，我们就会觉得他们自

111

命不凡。我们不会倾向于喜欢那些认为"他们比我们更好"的人物。

这里倒是有一个最佳击球点：那些平易近人且不自私的人。他们想为自己争取某些东西，但是并不想私藏自己的所得。他们想要分享。

事实上，如果一个项目既对我有好处，也对其他人有好处，我就会有更强的动机去接受挑战，克服困难。如果这个其他人还是我关心的人，就更好了。

如果我只为自己一个人做事，我就会感觉自己太自私了。如果我只为他人做事，我就感觉少了点个人奖励。但是如果我做的事是互惠互利的，我就会进入最佳状态。

要想找到内心的欲望并识别出我们想要的是什么，我们必须发现某种触及我们内心深层驱动力的东西。一旦我们找到这种东西，不管它是我们一直想要证明的某种观点，是我们一直想要体验的某种经历，还是我们一直想要创造的某种自我表达，我们都必须想明白，我们怎样才能把善意加入这个混合物里，让我们的故事在实际生活中不会显得太格格不入。

混合动机。相信我，跟你的混合动机做朋友绝对是一件好事。要认识到，你的底层动机将让你行动起来，而你的高尚动机则让这段经历对他人有益。

普遍的法则是，英雄不一定是完美的，他们只需要持续转变成一个更好的自己。

我最喜欢的电影是《生活多美好》。故事讲述的是乔治·贝利在一个天使的引导下游历他生活的小镇，看到了假如他从未出生，这个世界将会以什么样子存在。结果，没有乔治·贝利的世界是一个灰暗的世界。他的妻子一生未遇真爱，他的孩子也从未出生，而由于没有他的银行贷款，贝德福德镇上的人们也买不起好房子了。

你也许看过这部电影。下次再看的时候，请特别注意观察，乔治是一个多么善良的人，同时又是一个多么粗鲁的人。请注意观察，他是一个多么平和的人，可在面对自己的孩子、邻居以及楼梯栏杆上反复掉落的端柱时，他又是多么沮丧失态。他对自己的孩子失去了耐心，对自己的妻子大喊大叫，贬低自己的同事。换句话说，请注意他是一个多么普通的人。注意他的动机是多么混杂，还请注意，即便他是一个普通人，你也还是那么爱他。

乔治·贝利的人生对他人产生了如此深远的影响，并不是因为他是个完美的人，而是因为他作为一个有缺陷的人，努力为这个世界带来了某些好的东西。

在你活出一个伟大的故事之前，不要觉得你必须先发生转变。**活出一个伟大的故事，这个故事自然会让你转变。**

113

英雄与他们的原始欲望保持联系

当我们拿不准该用什么来激励自己时，重新审视某些原始的驱动力会有帮助。有什么东西是我们一直想要证明给自己和世界的？有什么东西是我们喜欢享受或者可以给我们带来快感的？我们想让他人如何看待自己？

这些听起来像是极其私密的问题。但是我在这里要冒一个险，对你开诚布公。世界上几乎所有伟大成就的发生，都是因为某个人对做某件正确的事产生了一种混合动机。

当我说到原始欲望时，我指的是类似经济独立，或远近闻名，或赢得奖项，或体验激情，或外形强悍，或被视为美人或尤物这样的欲望。

如果说心里话，我会告诉你，我能取得生意上的成功，原因之一其实是我心里有一个难解的郁结。我并不为此感到光彩，但是不得不说，时至今日，我心中仍有一部分在为我曾和家人一起排队抢购"政府芝士"而感到难堪。我还是从前那个小男孩，想让贵族学校的富人孩子接受我成为他们中的一员。

这种做生意的动机听起来也许很悲哀，但是它的确是驱动我努力工作的最强动力之一。我想被当作一个重要的人看待。

　　话说回来，这种原始欲望实际上助推了哪些东西？它助推了一家公司的创立，而这家公司又创造了很多工作岗位。它助推了一个家庭的丰衣足食。它助推了一家公司指导更多的生意人扩大他们各自公司的规模。简言之，它助推了我和他人的精彩人生。而这种原始欲望还以一种非常奇怪的方式促进了我的疗愈。我在商业上的成功帮助我向自己和他人证明了自己。成功令我开始治愈内在的伤痛。向我自己证明，我愿意十分努力地工作，这是一种很棒的感觉。不仅如此，尝到一点成功的滋味，也帮助我认识到，想成为有钱人的欲望实际上是多么肤浅。它让我明白，这种肤浅的成功带来的成就感是十分有限的。我在证明了自己之后，才真正开始更深入地投身于亲密关系的维护和帮助他人的事业之中。

　　人生不是一场佯装完美的旅行。生命的意义在于成为更好的自己。

　　不诚实面对自己那些肤浅欲望的人们，反而受制于一种最具欺骗性的欲望：他们想要相信自己是完美的。实际上，他们是想要相信自己比别人更好。而这里可没有一点无私的东西存在。

　　一旦我们确定了一个激励自己的方向或者项目，我们就需要想明白如何才能让我们的追求具有互惠互利的性质。我们想要的东西是可以引发善举的吗？除了我们自己之外，还有哪些人会从我们想要的东西中获益？我们取得的成果能够帮助解决某种不公的问题吗？如果我们达成了目标，其他人会认为我们太过自私或自我中心吗？如果是这种情况的话，我们还能在我们的故事里加入什么东西来减弱我们的自私？

在一句话里同时谈论我们的原始欲望和利他愿望，这乍听起来似乎有点古怪，但编剧们每天都不得不应对他们笔下英雄们肤浅的欲望。

我最近去看了一部电影，电影讲的是一位拳击手的故事，他想证明自己，想在一场重量级拳击赛中获胜（没人在乎这部电影是什么——类似的电影有上百部）。电影的编剧首先定义了拳击手想要的东西（赢得比赛），然后无奈地花了一个小时来告诉我们这个拳击手是一个多么善良和无私的人；不然的话，我们就不会在乎他赢不赢。这个拳击手辅导一个孩子打拳，帮一个单身母亲付了房租，又给一个无家可归的男人买了一顿晚饭，在这之后，他竟然收养了一只救援犬。看到这里，我差一点就翻白眼了。编剧为什么要写这些呢？这一切都是为了让我们喜欢上这个拳击手，让我们在他最终获得胜利的时候为他欢呼。没错，这是剧透，他最后赢了。他教过的孩子、帮过的女人、救过的男人，还有那条狗，就是为了在他获胜的时候与他目光相接。片尾字幕快快滚动起来吧。

英雄的欲望越自私，讲故事的人就越需要拿起手术刀修修补补，让英雄看起来不那么像一个混蛋。

我们从这里吸取的教训是，虽然我们是由肤浅的欲望驱动的，但我们应该保证约束好自己，做好事，善待人，慷慨付出，减弱某些在我们内部运作的自私欲望。

在现实生活中，你的欲望越互惠互利，故事就会有越丰富的内在意义。找到某种助推你行动的原始欲望是追求叙事牵引力并最终体验到意义感的关键一环。我说的是一种内在的并想要为你自己建设某种东西的深层驱动力。然后，想明白如何利用这种欲望，让世界变成一个更美好、更友善、更美丽和更仁慈的地方。不然的话，你就只能去领养一只狗了。

英雄在他们想要的东西中做出选择

还有一条关于故事的法则可以帮助我们活出更有意义的人生：想要的东西不能太多。

如果说，什么都不想要会毁掉我们的故事，那么想要的东西太多，也一样会毁掉我们的故事。这不是因为想要很多东西有什么错，而是因为当我们想要太多东西的时候，故事就会变成一团乱麻。

如果杰森·伯恩既想要知道自己的真实身份，又想减重三十磅，还想跑一场马拉松、娶一个姑娘，或者还想领养一只猫，但是因为他的工作常常需要出差，所以他还要想办法负起养猫的责任，那么这部电影会不知所云，而观众离场的时候，也一定不会满意。

讲故事的人一定要做出选择。在生活中，背负使命的英雄也不得不做出选择。当电影制作者完成一部电影的剪辑工作后，剪辑室地板上弃置的场景跟电影中采用的场景数量常常不相上下。剪辑师都知道，观众无法跟上一个没剪干净的故事。

不得不削减自己想要的东西，这对我来说曾是一个十分痛苦的过程。我既热爱写商业书籍，也想要写小说。问题在于，我不想写糟糕的小说，我想写优秀的小说。如果我对自己足够诚实，我就知道自己至少需要花十年的时间打磨自己小说写作的技巧。数一数自己的日子，我意识到我没有那个时间了。我没法两样都做。我还想过参与竞选，但我还要经营我的公司。我想要很多彼此冲突的东西，所以我知道我必须做出选择。

我做出了选择。我把一些机会丢在了剪辑室的地板上，而在我真的可以实现的方面采取了行动。

在一些人看来，上一段话听起来像是一种妥协，仿佛写小说是一项神圣的追求，而写商业书籍则是世俗的功业。我当然不这么想。我只是感受到了两种使命的召唤，而不是一种。我的面前有两条路，而我知道这两条都是我热爱的路。我从小在穷人家长大，知道自己心目中所有的文学英雄在金钱方面经历过多少挣扎（还有酒精和感情方面），所以我选择了能同时提供情感满足和发财机会的那条路。

在设计我们的人生时，我们会有妥协，也有不能满足的欲望。而这正是一种张力，我们不得不学会与之共处。

没错，你本来可以跟其他人结婚，但是你没有。讲故事的人做出选择，然后对自己的选择负责。

英雄接受故事主题的指导

还是那句话，在写故事的时候，讲故事的人必须进行决策。在故事还没有开始的时候先确定主题，就是决策之一。

一个故事围绕什么展开，这就是故事的主题。有些讲故事的人把它叫作"中心思想"或"故事寓意"，但是不管叫什么，它起到的作用就是筛选和过滤。

《罗密欧与朱丽叶》的主题很可能是"爱情值得为之献身"，《生活多美好》的主题则大概率是"安宁和善的人生可以产生强有力的影响"。

选择你在生活中想要得到的某样东西,试着从你的主题入手。我的主题是"为任何一个想要体验一种深层意义感的人指明道路"。这个主题指导了我的绝大部分人生。我的房子、我的书、我的家庭和我的公司,都在为这个主题服务。

当我帮助人们创建他们的人生方案时,我总是从他们的中心思想出发。随着谈话的展开,主题往往会变得越来越清晰。至少在我眼中是这样。他们要么看重当下的生活,要么看重辛勤的工作,又或者,他们对情感关系的重视胜过金钱。

一旦我们找到了他们的主题,我们就开始想象他们该如何改造自己的生活了。

你的主题不一定是恒久不变的。事实上,随着年龄的增长,你的主题会发生改变。我早些年的主题可能是尽可能充分地开发人生的潜能。而随着年龄的增长,我的主题变成了学习一门手艺。如今,它又变成了借助我自己的经验去造福他人。

当我们逐渐深入自己的故事中时,我们的主题也将随之变化。毕竟,故事也是要划分章节的。

为你生命中的这一部分赋予一个主题,这么做的好处在于,你的主题或中心思想会起到筛选和过滤的作用。

当你走到人生的某一点时，你的面前可能会出现太多的迷人方向，有太多的选项。这时，你的主题就会帮你梳理清楚，要在哪些事情上采取行动，又要把哪些事情割舍掉。

没有主题，作者可能会忍不住在他们的故事里加入过多的场景、人物和情节转折。这会毁了故事。一个故事需要围绕某样东西展开，而这个东西需要明确。

我们在本书稍后的部分会展开讨论人生方案，帮你为你当前这一年以及未来五年和十年的愿景分别设定一个主题。

一旦你知道了自己的主题是什么，你就得到了一个过滤器，可以帮你把一些镜头留在剪辑室的地板上。当你为你的生活定了一个具体的目标之后，你的故事就会逐渐成形，而你也将变得对自己的人生越来越有兴致。

英雄会找到一个可持续的故事

并不是每一项使命都是可持续的。我认识很多决心跑一场马拉松的人，结果训练几周之后就放弃了。我不怪他们。成为一个背负使命的英雄，要点在于体验一种深层的意义感，而不是完成一场马拉松。如果有人努力尝试某样事物，但是没能喜欢上它，我不会反对他，这就好比有人读一本书或者看一部电影，但是因为不感兴趣而决定半途放弃一样。

事实上，你越早放弃一个自己不感兴趣的故事，就能越早找到你感兴趣的那一个。

这里的关键之处在于，不要认定自己是个半途而废的人，而要去找到一份让你难以割舍的激情。当你知道了你的生活意义何在，你就知道你想要追求的东西是什么了。我向你保证，你会早起，你会游泳横渡河流，你会赤脚穿越雪地。找到你想要生活的故事，你就不用再操心生活纪律的事了。

有些时候，我真的很厌烦短视频平台上那些一边晒自己的肌肉线条或私人飞机，一边侃侃而谈应该如何变得更自律的人。那些人拥有了一切，是因为他们已经找到了一个他们热爱的故事，一个让种种牺牲感觉良好的故事。如果你已经在你的生活里找到了叙事牵引力，那么纪律的形成就简单多了。我们与其坐在原地为缺乏自律而感到羞愧，还不如找到一个我们愿意在其中应对种种挑战的故事。

对我来说，成为一名作家的故事是可持续的。我除了写作之外别无选择。如果我无法靠写作赚钱，我也会继续写。如果你把我关进一所没有纸和笔的监狱，我就会在自己的脑子中写。有些时候，我也会没有写作的心情，但是想要看看这样的日子里我能在纸上写出什么东西，这样的欲望依然会迫使我动笔写作。

我出版的书已经帮助我建成了一段非凡的人生。我先是写回忆录，然后写商业书籍。某一天，我可能最终会拿起笔，写下那本小说。写作之于我，正如某种东西之于你一样。什么是你不得不做的事？应该让它来指导你的故事。

我还得说，成为一名作家并不是在我身上发生的最令我满足的事情。拥有一段精彩的职业生涯是很棒的，但是我们的故事并不一定围绕职业成就展开。我这辈子都想要写重要的书，做重要的项目，甚至成为重要的人。这些努力的回报还不错，但是跟成为一名父亲相比，绝对没有任何一件事让我觉得自己更重要。艾米琳出生的那一秒钟，我毫无犹疑地认识到了自己的必要性。我之前从未想到过这一点。正如作家安迪·斯坦利所言："你为这个世界做出的最大贡献可能不是你做的某件事，而是你养的某个人。"我想补充说，你最能从生活中感受到意义之处，可能不在于你的成就，而在于你以他者的名义做出的必要牺牲。

意义的中心是爱：爱我们的项目，我们的世界，我们的社群和我们的家人。我们一定得找到某种把我们从自我中抽离出来的东西。

当我们的孩子在晚上哭闹的时候，我们身心俱疲，满口

英雄之旅

抱怨，怀疑自己是不是失去了自由。答案是肯定的。我们确实失去了自由。但是我们也收获了意义。意义是有代价的。

类似地，我在跟人们合作创建他们的人生方案时，弄清楚什么能让他们快乐是重中之重。

真正的问题是：你对什么东西有持续不断的好奇，这份好奇又会不会指引你走向一种愿意为之牺牲的生活？什么是你宁愿放弃自由也想创建的东西？

英雄问："要是这样会怎样呢？"

有时候，我正在写一个故事，而情节似乎卡住了，这时我就会问自己："要是这样会怎样呢？"要是英雄坠入了爱河会怎样呢？要是英雄在一场银行抢劫案中被抓了会怎样呢？要是英雄发现她有穿墙的能力会怎样呢？

要是这样会怎样呢？这是作家为冲破阻碍而提出的绝妙问题。

"**要是**"在生活中也不是一个糟糕的问题。要是你辞职会怎样呢？要是你在房车里生活一年会怎样呢？要是你领养一个孩子会怎样呢？

"**要是**"是一个通往冒险的问题。它把你带进一个故事里，让你为早晨起床而兴奋不已，也许还有一点紧张。

多年前，我问自己："要是我写一本书会怎样呢？"然后，在写了几本书之后，我问自己："要是我写一本商业书会怎样呢？"然后："要是我创办一家学习发展公司会怎样呢？"最近我问自己的是："要是我在美国的政治进程中创造出第三条路会怎样呢？"

用**要是**提问可以在你的生活中促成不可思议的变化，并给你一个早上起床的绝佳理由。

英雄需要一个"待办事项"。如果这件事是令人兴奋的和十分重要的，英雄就会在起床时感受到行动的迫切性。这是叙事牵引力的精髓。

英雄可以加入另一个故事

英雄并非总是一定要构想出自己的故事。加入他人的故事可以同样充实。我做过好几次这样的事。投入一场总统竞选活动，帮助一个朋友写一本书，骑自行车横穿美国——这些冒险都是由他人构想出来的。我只是填了报名表，买了装备，埋头加入了一群疯狂的拥护者当中而已。

关键在于，不论是开启某件事，还是加入某件事，这件事都要在我们的生活中创造出叙事牵引力。再复习一次，叙事牵引力就是一种感觉，感觉到我们的个人故事实在太有趣，以至于我们难以无视它。我们也许不是一直都喜爱它，但是我们不能不做它。即便它让我们精疲力竭，即便我们发现自己满口抱怨，我们还是身处其中。这个故事"吞下"了我们，让我们始终保持对自己人生的兴趣。

选择投身于一种使命，有时甚至比构想出一种自己的使命更令人兴奋。有一群人正在改变世界，加入他们，成为他们当中的一员是一件无与伦比的事。

在开始创建自己的人生方案时，你要问自己这样几个问题：你要创建的是什么？你要加入什么故事？你的生活在一年、五年和十年之后会变成什么样？

6

引导你的故事的晨间仪式

一旦你决定了自己想要做什么、想创建什么、想加入什么或者想创造什么之后，你就走上了英雄之旅的第一步：你已经邀请自己进入了一个故事。

等你走进那个故事之后，你也就走出了维克多·弗兰克尔所说的存在的真空。这一切之所以发生，是因为生活如今正在向你提出一个问题，而这个问题必须用行动来回答。

你要决心远程办公，带你的家人踏上为期一年的环球旅行吗？你会写出那本书吗？你想开拓一座社区花园吗？更重要的是，怎么才能做到这些事呢？

故事问题是让你保持对人生兴趣的魔法配方。而你为了回答问题所采取的行动，则会把你拖出叙事的虚空。

什么样的故事问题能在你的生活中创造出叙事牵引力？

所有的故事都是围绕着故事问题搭建起来的。这支球队会获得冠军吗？这两个人会坠入爱河并永远幸福快乐地生活在一起吗？这个英雄能拆掉炸弹吗？

还是那句话，只要一个问题立住了，故事本身其实没有那么重要。这个问题必须足够吸引人，能让你为了得到想要的答案而愿意改变自己原来的人生轨迹。

在我们决定了自己想要什么之后，下一个挑战就是维持这份欲求，直到故事结束。

但是维持一件事本身就是一项挑战。

读一本眼前这样的书，最难的地方在于，我们会受到启发，并对生活感觉良好，然后就会发现，我们又回到了分心杂事的海洋里。一年之后，我们悲哀地意识到，我们在自己的故事上没有丝毫前进。

要想让一个故事发生，我们不得不每天起床，"在情节里加一点东西"。这是我在刚开始自己的写作生涯时一直在用的原话。我得早上起床，走到楼下的咖啡馆，"在情节里加一点东西"。后来，我和贝兹在建造鹅山时也用到了这句话。鹅山就是我们的家，也是可以招待朋友和亲人的小型度假中心。我在创办我的公司的时候，也使用过这句话。在骑车横跨美国的时候，每天早晨也会说这句话（有时也会掺杂一些咒骂）。

讲出这些故事当然很简单。活出这些故事却很难。

活出一个故事（写完一个故事也一样）的过程会让人望而却步。海明威早年在巴黎写作的时候，曾经站在公寓的窗边，俯视城市，对自己说："别担心。你之前一直在写作，你现在也在写作。你要做的只是写出一句真实的话。写下你所知道的最真实的一句话。"他记着这句话，坐了下来，又在他的文学遗产上增添了一行。

站在未来回头看，我们生活的故事都很浪漫，但是眼下却只有劳作。当我们努力活出这些故事时，我们会持续受到恐惧的袭击，担心事情进展不顺利，或者我们就是没有心情在情节里再加一点东西。这些不停的打断与偏离，以及他人觉得我们有点疯癫的看法，会让我们在故事中逡巡不前，返回叙事的虚空。

但是我们必须持续前进。我们必须不断在情节里加一点东西，日复一日。只有这样，我们才能找到让我们对自己的生活感兴趣的必不可少的叙事牵引力。

我们需要的是一个帮助我们不脱离正轨的工具。

在超过十年的时间里，我一直在执行一个简单的晨间仪式，以此集中我的注意力和注意强度。这个仪式包括复习我的人生方案，以及填写一页每日计划表。不管我的脑子有多么迷糊，这个仪式总能改变我看待世界的方式。我的晨间仪式让我清楚地看到，我的故事讲的是什么，它为什么重要，我在当天需要做什么才能在情节里加一点东西。我带着这份清楚的认知开始我的每一天。

这个仪式是这样展开的：

1. 读我的悼词。没错，我已经写好了自己的悼词，每天早上执行仪式的时候，我都会读它。我的这个点子受到了史蒂芬·柯维的启发。读自己的悼词对我有很大的好处，因为它帮助我从终点开始思考。在后面的一章里，我将把我的悼词展示给你看。我会解释自己是如何写出它来的，以及它如何帮助我在每天开始的时候集中注意力。

2. **读我为自己的人生规划的一年、五年和十年愿景。** 我在本书的后面收录了我的人生方案，这里面有三页的内容从某种意义上启动了我的人生，让我变成了我在自己的悼词中读到的那类人。就像职业高尔夫球手在果岭上瞄准某条线路推球入洞一样，我也使用我的一年、五年和十年愿景来更近距离地指导我的生活。

3. **读我的目标设定表单。** 我会读自己手头正在处理的三个目标。每一个目标都是我整个人生方案之墙上的一块砖。我每次只给自己定三个目标，因为对于人类的大脑而言，给超过三个项目排优先级是很难的事。

4. **填写我的每日计划表。** 我在十多年前自创了这张表，但是直到我决定写这本书之前，主要在私下使用它。我要把自己保持注意力集中和适当的注意强度归功于这个计划表。如果要我对自己取得过的成功进行逆向分析，我也要把功劳归于这个工具。

英雄不会在他们的故事中迷失

一名业余作家常见的特点就是他们会随着故事的写作而迷失。当你读一本业余作家写的书时，最初会很兴奋，想要知道英雄式的主人公将如何得到提拔、赢得比赛或者拆掉炸弹。但是在这之后，讲故事的人就在次要人物身上分散了注意力，花了几个章节的篇幅讲他们的故事，而没有再回到英雄面对挑战的最初情节。这个故事被毁掉了，而你也失去了阅读兴趣。

当你读一本这样的书时，你会感到困惑。你会想不明白它讲的是什么故事，也不清楚作者到底知不知道他正在做什么。

你很可能遇见过在自己的故事中迷失的人，比如某个正在经历中年危机的人。这些人活在一个叙事的虚空之中，因为他们的情节被分心的事绑架了。有一天早晨，他们醒来时意识到，他们已经在自己从未有意踏上的一条道路上走出去一千英里了。

但是他们最初是怎么迷失的呢？他们把自己的个人能动

性让给了外部力量，而不是由自己决定自己的故事，并一天一天地活进去。

那么我们怎么才能防止这种情况发生呢？我们把自己想要生活在其中的故事写下来，然后通过一种仪式提醒自己，并且每周都花几个早晨去执行这个仪式。

我认为，我在过去的十年能够取得一些成就，我的晨间仪式居功至伟。当然，我也同样感谢每天清晨对自己人生方案的复习为我活出一个传递深层意义感的故事所提供的帮助。

当我复习自己的人生方案时，我会提醒自己生活正在向我提出的问题。我会继续帮助小企业繁荣发展吗？我和贝兹会一辈子都是彼此最好的朋友吗？我们的家能为人们提供一块安宁之地吗？我们的孩子长大之后会相信她能对世界产生积极的影响吗？

正是这些问题驱动了我的人生。而我每天早晨都会用它们来提醒自己。在我提醒自己这些故事问题之后，叙事牵引力就有了保证。这些问题对我而言足够有趣，让我想要每天按时起床，并在情节里加一点东西。

要是没有阅读人生方案的这个仪式，我在很久以前就已经迷失了。

英雄让有意图的生活成为一种习惯

一名职业作家会让写作成为一种习惯。我是从杰瑞·宋飞那里学到这一点的。我看了一部关于他的纪录片。在影片里，他认为自己成功的原因是他花在打磨自己行动上的时间。

有一天早晨，他跳过了每天的写作时间，到一家咖啡馆用餐。用餐期间，他看到一群建筑工人横穿马路去工地工作。每个人头上都戴着安全帽，手里拎着午饭保温袋。这时他忽然开始思考：脑力劳动跟体力劳动到底应不应该有任何区别？如果他也每天早上定时起床，去设计他的表演、打磨他的笑话、创造新的喜剧套路，他的职业生涯会发生怎样的变化？今天，在数十年的"打卡上班"和全勤投入之后，他成为世界上最有名的喜剧演员之一。

自从听到杰瑞·宋飞对自己工作伦理的回想之后，我就把早晨的时间预留给写作了。几乎每一天早晨，我都会坐下来，在纸上加几个段落。

职业作家都知道，他们的时间会受到侵占。他们不得不锁定完成一本书要用的时间，然后在他们说自己会投入工作的时候，就投入工作。

这就是我对自己每一天生活的看法。如果我想要发展公司、完成鹅山的建造、写完我的书、做一名好父亲和好丈夫、保持健康等，我就不得不全身心投入。

梦想不会干活。

我发现，通过复习我的人生方案，我会记住我为自己的人生设定的情节，而我也会知道哪些工作是需要我专注投入的。当然，故事情节一直在变。新的点子会冒头，新的机遇会出现。但是关键在于，我不会偶然地度过我的生活。在绝大部分时间里，生活都在我想要它走的方向上前进。

受害者没有方案。他们等待着救援者的出现。反派有一个毁灭的方案，策划着对伤害过他们的世界复仇。英雄会创建一个与世界互惠互利的方案，并矢志不渝地贯彻下来。而向导已经度过了一段精彩的人生，转过头来帮英雄找到并活出他们自己的有意义的故事。

"英雄之旅"人生方案的基础有二：一是维克多·弗兰克尔的意义治疗法，二是驱动一个有趣故事的要素。这种人生方案不是围绕生产力设计的，但是它一定能帮你变得更有生产力。这种人生方案的设计，是为了帮助你体验到一种深层的意义感。

市面上有很多种人生方案。我尽力让我的人生方案保持简单。我发现，越简单的事情，就越容易坚持下来。

在过去十年里，我已经把这个人生方案分享给了亲近的朋友和家人。一传十，十传百，如今已经有上千人使用过这个人生方案和每日计划表来引导他们的生活了。

如果你正在寻找一种使注意力更集中的方式，并且有心为你的人生创造一个新的故事，那么"英雄之旅"人生方案和每日计划表一定能帮到你。它对我的帮助很大。

这本书后续的部分将会帮助你创建一份人生方案，让你转变为一个背负使命的英雄。

第二幕

创建你的人生方案

从这一页开始，本书将引导你完成一份人生方案的创建，并教会你如何使用"英雄之旅"每日计划表。你可以使用书后的附页，也可以把计划表用更大的纸张打印出来。

人生方案的起点是练习写作自己的悼词。本书中有几个章节都在帮你想象你想要度过的人生，借此，你的悼词会邀请你进入一个有意义的故事，并在你的生活中创造出一种急迫感。

你还将在指导下完成十年、五年和一年的愿景活页表。这些活页表将助你开始描画想要度过的人生，并帮你朝着一个重要的目标小步迈进。

完成愿景活页表之后，你将学会如何填写目标设定表，并使用几种工具来提升你达成目标的概率。最后，你还将学会如何填写每日计划表。每日计划表把整个流程串联在一起，保证你在使用它的每一天都不脱离正轨。

你可以访问 HeroOnAMission.com 这个网站，我们的在线软件可以让你在线生成人生方案，你还可以加入一个千人社区，其中每个人都在尝试活出有意义的人生。软件版本中还提供了一些视频资源，我也会在这些视频中帮助你创建你的人生方案和每日计划表。

7

一篇悼词带你回首自己的
完整一生，即便它尚未结束

除我的妻子外，我生命中最亲近的伙伴是一只十三岁的巧克力色拉布拉多犬。她叫露西，我在她七周大的时候把她带回了家。那时我还是一个孤独的单身汉，早就过了传统的适婚年龄，而且逐渐确信，我将孤独终老。露西治愈了我的孤独。

我住在波特兰的时候，每天早上，露西都会跟我一起在威拉米特河畔散步。我们沿着河岸走出一英里远，然后再走回来。我会把一只网球丢进河里，让她去捡回来。我至今仍然清晰地记得她把球丢在我脚下的样子。她会在沙地上刨出一道沟，不停地叫，直到我把球捡起来，再丢一次。等她累到快要在我的脚边睡着的时候，我们就走回家。然后我开始写作。有的时候，陪露西散步要花上几个小时的时间。我并不介意。她的精力和写作一样会让我感受到自己活着。

如果一个生物可以享受一条河、一次散步和一只球，那么我可以享受一天的写作。露西提醒我，工作也可以是游戏。

那已经是大概十四年前的事了。

她再也不能追着球跑了。就在几天前，我和贝兹让她在泳池里游了一会儿。第二天早晨，她就没能从床上起来。她的后腿太瘦了，她没有信心站起来了。露西游了她的最后一次泳。

看着露西变老并准备告别此生，我不禁对自己的故事产生了越来越多的疑问。我活出的故事是有意义的吗？我留给我的孩子的故事是他们想要效仿的吗？我的故事能帮助他们体验到一种深层的意义感吗？

今年冬天的每一个凛冽清晨，露西都会在门廊上驻足一两分钟，向下看着隔在她和院子之间的五级台阶。她的眼神里最初闪烁着本能的悲伤，而最终换上了理智。她似乎在测算抵达院子需要迈出的痛苦的每一步，好让自己安心。她的两只前腿同时向下滑出第一步，后腿和尾巴拖在身后，像一辆拖车。她一边走，后腿一边颤抖。当她走到院子里时，她不再能用后腿把草踢起来了。她把鼻子抬起来，朝着天空抽动，仿佛在阅读发生在遥远地方的新闻事件。最终，她转身回到门廊，抬头看着我。我们都不知道她还有没有爬回房子里沉睡一天的力气了。

她正在进行消炎治疗。我和贝兹咨询兽医，什么时候该放手。医生说，相比于疼痛而言，她其实更加疲惫，但是情况很快就要改变了。

144

这是一个清楚的事实，也是一件恐怖的事情。故事必须结尾。我们希望孩子有永恒的生命，小狗也一样。但是人和狗都会死。我们还有多久的时日？我还有两个多露西的生命那么长的时间可活，也许有三个。但是我不想再养狗了。我就想要这只狗，我想要她在这里看着孩子长大，我想要我们在河边散步，然后回到家里写我们的故事。直到永远。

但是，我能听见维克多·弗兰克尔在我们的耳边低语：**我们更爱我们留不住的东西。**

而我们没有人能留住自己的生命。我们必须把它们抛在身后。

从某种意义上讲，我从露西身上学到的有关人生的道理，比我从一千本书中学到的还要多。我学到了当有人来到门前时，要兴奋热情。我学到了锻炼身体是一件有趣的事情，而打盹也很关键。我学到了让别人知道你很悲伤是没关系的。我还学到了做人要忠诚。

我已经提到，我和贝兹在纳什维尔建造的房子叫鹅山。露西的小名就是小鹅。我们用她的名字命名这块地方，是为了提醒我们，当有人来到门前时要兴奋热情，要带着忠诚和爱意与人相处，还要享受美食和午觉。

如果我的人生讲出了这样一个故事，我就会很满意了。

把我们的故事传递下去

毫无疑问的是，我和贝兹为了经营一段美满的婚姻关系，都付出了艰苦的努力。我们懂得了什么事情值得争论，而什么事情应该放过。我们调和了我们的价值观。我们不想为任何事吵架，我们都全心追求我们关于鹅山和公司的愿景。我们找到了一致的基本生活节奏。我们工作，我们休息，我们游戏。在我们结婚前，贝兹告诉我她不想嫁给一个工作狂。我对此的理解是，我要在生活里创造的那些故事，不能仅仅围绕职业成就展开，还要兼及家人、旅行和玩乐。

贝兹自己就是一个事业有成的人，但是她还教会了我如何坐在沙滩上读一本书，而这是我从未想过自己会享受的事。

但是，我们也知道，事情就要起变化了。随着艾米琳长大，我们要开始担心会不会有闹剧上演了。她会喜欢我们吗？她能适应这个世界吗？她能坐在沙滩上读一本书吗？

我知道这听起来有点像自私的坦白，但是事实就是如此。我和贝兹拥有一个充满美和意义的美妙人生。我们有点担心这样的生活会走到尽头。真的有人能轻松地渡过这一难关吗？

从贝兹最初出现怀孕的征兆开始，艾米琳就异常活跃。贝兹在高中的时候是一名游泳运动员，所以我打赌艾米琳一定正在子宫里做翻滚转身动作。每天的早上和晚上，贝兹都会把我的手放在她的肚子上，一边感受孩子手舞足蹈踢她的肚皮，一边微笑。

"这孩子想出来。"我说。

"好在你做过膝盖手术，"贝兹大笑着说，"你得预备一双好膝盖。"

我们本能地察觉到，等到下个季度，我们就没法像现在这样享受彼此的陪伴和浪漫了，而要承担起一份更加严肃的责任。我们的关系将不得不从彼此欣赏进化成彼此依赖，这样才能达成一个更伟大的目标。我们将不得不联手努力，把我们所知的关于爱与生活的一切传递给另一个人，好让她可以利用她学到的东西打造一个属于自己的人生。

事实上，当艾米琳出生时，我感觉自己刚刚接过了人生中最重大的责任。我从未预料到这件事，但是对我想要成为重要的人、做重要的事这个欲望而言，原来只要养育一个孩子就能满足。

在你走进手术室之前，没人会告诉你那里的灯光有多亮。它就像是一座超级碗现场的球馆。这是医生眼中的日常，而你却很开心。他们那天早晨已经做过三台剖宫产了。

贝兹的心情很平静，我的心态也很平稳。他们安排我坐在她肩旁的一个凳子上。我握住她的手。手术台上有一块隔布，挡住了贝兹的视线，所以是我先看到了孩子。艾米琳。我把她的样子讲给贝兹听。**"她很美，亲爱的。她美极了。"**医生把她举起来，放到了灯光下，仿佛她刚刚走上了一座舞台。她的身子蒙着灰色和粉色，小嘴大张，探索着空气。她的哭声爆发，像一只受惊的小羊羔。她的双眼紧闭着。她既无助，又非凡。

我反射性地弹起了身，仍然握着贝兹的手。医生们为她做了清洗和称重。然后我抱起了她，如醉如痴。就在短短一瞬间，三个灵魂的内部怎么会发生如此大的改变？我盯住她的脸蛋，仿佛那是一扇传送门，又像一颗水晶球，映出了我们所有的家人，过去的，现在的，未来的。医生为她进行了测量，然后我把她放在了贝兹的胸口，我们三个一起大哭。后来，我和贝兹又聊起这件事的时候，我们承认她长得跟我们之前想象的一点都不像。她在一瞬间便成为我们人生中的挚爱，但同时又是一个完全陌生的人。

降生后的一分钟左右，她就开始像一只小猪一样打呼噜了。我和贝兹都笑了。**这是多么美妙的事啊，小女孩。你属于我们。**

生孩子之前，人们会告诉你，他们不相信医院会让你把孩子带回家。他们会说，**开车需要先拿到驾照，但养孩子什么都不用**。但是当你已经年满四十九岁，掌管了一家公司，而这时才有第一个孩子，你就不会这么想了。我已经做好了准备。我想要把精细化管理的策略应用到孩子的养育上。我想把她带回家，回到一切安全的鹅山。

在艾米琳出生前，我还有一个担心，就是害怕自己会失去改变世界的动力。我担心我不会再想写书或工作了，因为我只想做她的爸爸。但是，我的朋友保罗·伯恩斯告诉我，这种事是不会发生的。他点出，我会开始思考我的遗产，而这会激发一种新层次的动机。他说，我的故事和我的名字会带上某种意义，而我会想要保护它，因为它会影响我的孩子。

在我们把艾米琳接回家后的几周里，事情果然是如此发展的。我之前从来都不是那种想让人记住自己的人。但是心知这个小女孩会带着我的名字生活下去，我就不由地想让这个名字有些美好的意义。

艾米琳还让我开始思考人生的短暂。或者至少让我想到我自己的人生剩下的时间不多了。

我还有三十多年可活，甚至更少。有可能我都见不到自己的孙辈了。有可能就在我死去的季节，艾米琳会因正当的理由远离她的父母，开辟自己的天地。

　　我知道这些思考都有点神秘主义色彩，但真相就是，人生虽然美丽，可也是短暂的。我们都不会长久地存在。新生命的美妙和死亡的悲伤都无处不在。

　　我在艾米琳出生之前，就开始录制一些小视频，给她留一些等她长大之后可以看的消息。我向她展示了鹅山的样子，记录了那些在她出生前后新栽的树是多么矮小。有一天，她可能会在那些树下结婚。她和树会一起长大，变美，变强。

　　我可以在我的脑海中看到她四五十岁时的样子，她会回到这里，观看她已故的父亲留给她的视频信息。我录制这些视频，是因为我不想离开她，永远都不想。但是这是不可能的。我们都不得不离开，而我们真正能留下来的就只有那些我们生活过的故事，那些我们的孩子和孩子的孩子谈起我们时会讲述的故事。每个故事都必须有一个结局。

　　我们把艾米琳从医院接回家的那天早晨，我帮助贝兹和她的姐姐坐进车里。就在我和护士把孩子固定在婴儿椅上的时候，我们听到从停车场一层传来一声令人毛骨悚然的尖叫。我看了看护士，确认她也听到了这个声音。护士留下来陪着艾米琳，而我拔腿朝发声的地方跑去。我刚拐过斜坡顶端的拐角，就看到一个女人瘫倒在地上，哭泣不止。她的身边还有另外两个女人，她们也在大哭。我走近一点，问她们是否需要帮助。其中一个女人告诉我，她们刚刚收到了一个可怕的消息。一个她们深爱的人在医院过世了。我把手放在心口，轻声说了句**我很遗憾**。然后，我帮助她们把那个瘫倒的女人扶了起来。

我走回自己的车，一路上头脑格外清醒。我在心里想：**一切都注定结束，正如一切都有个开始**。我们来，我们去，虽然看起来我们永远都在这里，但永远只是留给年轻人的一个角度。艾米琳拥有永远。我拥有的则是三十年左右的余生。

前面说过，这一切听起来可能有点神秘主义，但是我们对思考死亡的厌恶同时也是一种对真相的逃避。受害者挡住自己的眼睛，因为这个世界过于可怖。但是英雄不会斜视。他们直面现实的真相，并尝试带着那些真相活出一个鼓舞人心的故事。

另外还有一个真相，就是死亡并不是坏事。所有的好故事都有一个开端、一个中段和一个结局。而这些故事能被人理解，唯一的原因就是它们有结局。我们结束生活的故事之时，就是我们的品行盖棺定论之际。精神鼓舞是能够被感受到的。你的故事会在他人的记忆中继续活下去，作为一个榜样，引导他们去体验意义。

我跟贝兹、艾米琳乃至露西共度的此生不会永久，这是一个悲伤的事实。可即便在我为此感到悲哀的时候，我也没有忘记，死亡在很多方面对我们有益。因为我们知道我们的故事会结束，所以我们才获得了一种紧迫感。如果我们的故事永远不停，那就没有任何行动是重要的了，因为所有的事都可以等到明天去做。正是那种死亡将至的感觉鼓励我们抓紧生活。

我们的故事是不是对我们自己有意义，会不会鼓舞他人，这一切都完全取决于我们自己。

编剧和小说家常常在动笔前就已经想好了一个结局。这是一种古老的写作策略。从一个美好而有意义的终场戏开始，然后逆向设计这个故事，让它最终抵达这场戏。

我之所以提起这些关于生与死的言说，是因为保证我们的故事充满意义的最佳方法就是进行这样一种创意练习：假装我们正站在生命的终点，回头看，写下发生过的事情。

写下你自己的悼词

为了创建你的人生方案，我们首先要完成一系列的练习和作业。每种练习的设计都是为了帮你充分思考并完成作业。这些作业加在一起，就能帮你创建一份人生方案，供你在晨间仪式时复习，还能给你提供一份每日计划表，让你保持正轨。

我们在创建人生方案的过程中要做的第一项作业就是给自己写悼词。这乍一听可能有点病态，但是我希望你最终会发现，它可以帮你集中注意力，甚至可以鼓舞精神。

接下来的几章将引导你全面地思考你的人生，然后写出一份悼词，这份悼词将锚定你的位置，并帮你在生活中掌握更多的能动性。

我通过写自己的悼词创造了一个帮我做出更好的决策的过滤器。

昨晚，我开始看一部由肯·伯恩斯拍摄的关于海明威生平的纪录片。今早，我本可以把这部精彩的纪录片看完。但是我却选择了打开这本书的手稿，继续写作。为什么呢？因为每一天早晨，我都会提醒自己，到我生命的尽头，我希望自己是一名写作者——用写作构建世界的人。我不可能通过观看一部关于某个写书的人的纪录片做到这一点。我必须真正地自己写东西。

写悼词有很多种不同的方式，处理我们自己的死亡现实能让我们的生活变得更有趣，也更有意义。

嘀嗒作响的时钟制造一种紧迫感

讲故事的人把时限作为一种增强戏剧性的工具。没有一只嘀嗒作响的时钟，故事就会变得无聊。等你下一次观看一部爱情电影时，你会注意到，它并不是一个关于两个相爱之人的简单逸闻。相反，这部电影讲的是一个男人爱上了一个女人，但是这个女人正计划嫁给男主人公的哥哥。他的哥哥是个混蛋，但是女主人公并不知道这一点。婚礼要在下个星期六的中午举行，而我们的男主人公只有六天的时间说服她，让她意识到，她正在做出一个错误的决定！

这才是故事。

为什么呢？因为下个星期六的中午这个最后期限迫使行动发生。

几乎每一部你读过的小说或者看过的电影都是这样。炸弹必须在一个特定的时间内拆除。宝藏必须在坏人得到前被发现。

即使在体育运动中，戏剧性也来自嘀嗒作响的时钟。我们的球队必须在时间耗尽之前再得两分，不然他们就会丢掉冠军。

没有一个规定时限的时钟，就很难让一个故事引人入胜。

我们的悼词定义了我们的角色

当我想到我在妻子和孩子的生活中扮演的角色时，我能想到的唯一确定性的描述就是，我想要成为他们的地基。贝兹会带来温暖和窗户。她会带来欢乐，因为她总是给人带来欢乐。她还会带来一种稳定感，因为她有能力化解紧张的气氛。她会带来营养。女人是不可思议的生命。但是我也不愿意在这里成为一个不重要的人。我想要成为一块地基。我想让我爱的人能够在我之上建造他们的梦想。我想要成为一块坚如磐石的地基，让那些梦想可以拔地而起。我想要留在底部，我想要保持坚固。

但是只有一个生活目标是不够的。如果没有背景里通往死亡的响亮的倒计时，我就感受不到为实现成为好父亲的目标而采取行动的紧迫性。

演员兼导演布莱丝·达拉斯·霍华德是朗·霍华德的女儿。她最近拍了一部关于父亲们的纪录片，叫《爸爸们》。一天晚上，我和贝兹一起看了这部纪录片。朗·霍华德有一个糟糕的父亲，但是他努力工作，给自己的孩子们留下了宝贵的遗产。即便当他正忙于打拼自己成功的事业的时候，他也一直没有离开孩子们的生活。朗·霍华德说，他努力为自己的孩子提供三样东西：爱，安全感和一个可以追随的楷模。当我说到为我的家人提供一块地基时，我也紧紧抓住了这三样东西。我又追加了一个事实，就是我想要为他们提供爱、安全感和可以在我的悼词里追思的榜样。

如果我没有每天早上重读一遍我的悼词，我可能早就忘了我想成为一名好父亲的愿望。如果我们不每天提醒自己我们想要成为什么样的人，令人分心的事就会偷走我们的故事。如果我没有写好自己的悼词，并且每周都通读几遍，我就会忘记我想要让我的女儿能够说出是我帮她铺垫了在爱情、工作和生活中成功的道路。我想要她嫁给某个像我爱她的母亲一样爱她的人。我想要我的故事有一个开端、一个中段和一个将会鼓舞身后之人的故事结局。

如果没有我的悼词，我很可能会忘记我用来活出自己的故事的时间是有限的。我很可能会分心，并用快感麻木自己，而不再接受生活提供的挑战。

我不想分散自己投入在手头任务之上的注意力，而这项任务就是人生。

需要澄清一点，我对死亡的念头并不感到兴奋。我真的、真的非常热爱此岸的生活。它充满了隐藏的宝藏，而我也想不断地求索于其间。

这可能就是活在一个你能体验到意义的人生中所带来的负面影响。你更不愿意把它放手了，因为它对你的意义更大了。

但话说回来，讲故事的人是对的。如果没有死亡的现实和我们坦然接受它是一个事实的意愿，我们就很可能完全不在意生命了。只有当东西要被拿走的时候，我们才会抓住它们不放。

死亡是在为我们服务，日复一日。还是那句话，死亡的现实提供了一只嘀嗒作响的时钟，宣明了我们的价值，并制造出一种紧迫感。

你的人生还有多久可活？

我们已经阐明，故事里嘀嗒作响的时钟会增强英雄的紧迫感。而说到你的生活故事，你只需要知道这只时钟上还有多少时间：你的人生还有多久可活？这是一个难解的问题。但是你必须直面这只时钟才能提升你在你的人生中体验到的叙事牵引力。

你还剩下多长的时间可以用来生活？你的故事距离片尾字幕开始滚动还有多久？

没有人知道自己死亡的精确日期，但是如果我们进行一些计算，能做出一个合理的猜测。美国人的平均寿命是 78.5 岁。如果你的基因不错，就再多给自己 5 年左右的时间，但是如果你的家族中有些亲人提早过世，那就减掉 5 年。这就是你还剩下的时间。

如果你已经过了 78.5 岁，但身体依然感觉良好，那么你就属于那些拉高寿命水准的人了。我非常希望能够加入你们的行列。你甚至还有 20 年可活。科学家们现在都说，当下出生的孩子未来都能活到 100 岁。我的祖母甚至活到了 96 岁。

如果你已经活过了大多数人，那么很有可能你把你最好的章节留到了最后。你的人生会不会有一个精彩的第三幕，这完全取决于你自己。

不管怎么说，还有 60 年可活也好，只剩 60 天的日子也罢，生活都会邀请你在剩下的时间里活出一个精彩的故事。

我不停地重申这个现实，只是因为我相信计算我们的余生对我们有好处。就像我在前面说过的那样，一个故事的水平将由一只时钟倒计时的嘀嗒声抬高。

你还有多少时间？

停下来想一想你去世的时候是几岁。如果你结婚了，当你去世的时候，你的配偶会是几岁？如果你有孩子，当你去世的时候，你的孩子几岁了？

练习问题一

我很可能在我_____岁左右时去世。

练习问题二

如果我在_____岁时去世，这意味着我还剩_____年可活。

在本书后面的部分，你可以使用线上软件或者打印文件来创建你的人生方案。

8

一篇好的悼词会谈及英雄
所爱之人和所爱之物

　　贝兹让我在接艾米琳回家的前一天，先把一张婴儿毯从医院带回家。她在某处读到过，如果你把婴儿的气味带回家，让你家里的狗熟悉这个味道，狗就会通过某种方式得知这个人对她而言是安全的。我对此不是十分确定，但我知道，当我们把艾米琳带回家，穿过正门进屋的时候，露西立即察觉到某个特别的人来到了家里。她爬下台阶，撑起僵硬的腿，站直了身子。她呼呼地喘着气，尾巴像一杆旗子一样在身后招摇。我们把安全座椅放了下来，露西便开始绕着艾米琳的脚趾嗅来嗅去，抬头看着我们，仿佛在肯定我们的功劳。艾米琳的小胳膊反射性地向天空挥舞。露西没有任何问题。她保护了我们两个人很多年。再加一个，她也能应付。

　　我知道这么说很奇怪，但是我希望有一天艾米琳也有一只像露西一样忠诚的狗。我也希望她有这样一个为看到她而感到兴奋的朋友。当我摇着女儿入睡时，我对她的第一个祝福就是祈祷她有选择好朋友的智慧和创建社群的渴求。我请求上帝让艾米琳的一生都被善良、仁慈和智慧的人环绕。

　　一个好的故事不只是关于英雄的故事。它还与英雄所爱的人、依赖英雄的人以及英雄打算拯救的受害者有关。故事也许是透过英雄的视角讲述的，但是它们几乎总是在讲一群人身上发生的事。

在为自己的悼词所做的准备中，下一个练习就是去考虑我们在自己的故事里和什么人生活在一起，以及我们的故事是为谁而活的。

根据维克多·弗兰克尔的说法，继确定好一个要投入的工作项目或一个投身参与的使命之后，一段有意义的人生的下一个必要元素，就是我们所属的社群和我们对于发生在自身之外的事情的一种普遍性自觉。

在故事里，英雄决意完成他们的任务，偕他人一起，并为他人代言。

英雄的目标不是完全自私的，这正是英雄的一个特征。当然，他们也会因自己的成就而收获某种荣耀，但是他们的行动惠及他人的生活这一事实才让他们的行动更有意义。

编剧们常常为展现英雄的人际关系而大费周章。我们会认识英雄的母亲、父亲、姐妹、朋友和孩子。我们坐在那里看他们就他们所爱的人展开深入的对话，努力解决冲突。这是为什么？因为我们总是支持那些与他人有深刻联系的人，而对没有这种联系的人心存疑虑。

当我们的生活考虑到他人的福祉时，我们的故事也会得到提升。

反派在这里站在了英雄的反面。反派没有朋友，他们只有喽啰。围在反派身边的人，都是出于害怕而服从他的命令。在反派眼中，人是一种消耗品。他们不爱人，他们使用人。反派可能看起来像是有朋友，但其实他们没有。朋友会互相原谅并合作解决问题。反派如果发现自己的喽啰已经没有用了，就会处理掉他们。

毫无疑问，人们是会被反派吸引的，但这并不是因为人们与反派志同道合。人们是被一种保护伞吸引过去的。

事实上，错把强力当成保护伞，这才是人们成为反派喽啰的原因。当我们认为自己很弱小并需要一个强大的人来保护我们的时候，我们就更可能臣服于一个反派，为了与他们的强力形成联系而为他们效劳。喽啰们相信，只要他们对反派忠诚，反派也会对他们忠诚。但这种情况几乎不会发生。别忘了，反派不会与他人建立亲密联系。他们只会使用他人。

在迪士尼拍摄的《黑白魔女库伊拉》故事里，编剧们想象力超群，编织了一个关于小女孩黛伊拉的故事。这个孤女在遇到邪恶的时尚界风云人物男爵夫人后，释放出内心的阴暗面，成为库伊拉，试图利用自己绝美的设计扰乱市场，借此摧毁男爵夫人的帝国。

讲一个关于反派的故事，又要让观众与她共情，甚至支持她，这一定是件非常难的事情。但是这部电影的编剧处理得游刃有余。他们的第一个伎俩就是创造一个比反派更坏的角色，这样一来，作为库伊拉的主人公的恶行看起来就没有那么罪恶了。第二步就是在她身边布满了惹人喜爱的朋友，比如她临时的孤儿家人，包括杰斯珀、霍瑞斯和他们的宠物狗媚眼儿。

这个故事有趣的地方在于，当主人公展示出她的英雄本能时，她就是黛伊拉，她把杰斯珀、霍瑞斯视为平等的人，甚至当作兄弟。但是当她作为库伊拉而释放出反派本能时，她就把之前的朋友看成了一架复仇机器中的齿轮。她把他们当作自己的喽啰来对待。

如果沿着这个方向走得太远，观众可能就会站到库伊拉的对立面去了。所以为了吸引观众回到她的这一边，编剧安排她在最后的大结局前为自己对待朋友的错误方式进行了忏悔，同时也跟朋友们达成了和解。

换句话说，编剧选择用来区分库伊拉和黛伊拉、反派和英雄的特征，就是她对待自己朋友的方式。我觉得这是我们的人生一课。

对于强大的人来说，在反派和英雄之间的反复摇摆是司空见惯的。随着身上的责任不断加重，他们发现与自己共事的团队越来越大，于是使用他人的诱惑也越来越强，因而不再想与他人平等合作了。不少名人都被他们之前的朋友拉下马来。这些朋友都是忽然意识到自己被降级成了喽啰。

我们在生活中维系的人际关系类型是很重要的。我们可能忍不住想要使用他人，而不是与他们联结沟通，但是这些行为会让我们付出代价。虽然在很多场合，下达一连串的命令是必要的，但是英雄和向导都会真心在意与他们合作的人。

当你书写自己的悼词时，你会想要考虑到被你留在身后的那些朋友和家人。

但是如果你没有一个丰富的社群供你展开生活的故事，你该怎么办呢？

当你书写自己的悼词时，还有另一个要考虑的因素，那就是你亲手创建的社群。

如果仔细想想就会发现，人际关系和社群都是通过精心的设计而织入生活的布料的。就连艾米琳的出生也是一个设计好的情节，这个情节驱使我和贝兹进入了一段发生在彼此以及我们与孩子之间的热烈的关系交换之中。

还有什么能比一个孩子更有扰乱性吗？突然之间，我们想要什么已经没那么重要了，生活的重心变成让一个脆弱无助的生命活下来。

还记得吗？维克多·弗兰克尔为了让他的病人体验到意义，给他们开出的药方就是社群。当我们同他人一起生活并活在他们中间的时候，我们就以某种方式创造了更多体验那种意义疗法的机会。

不用说，人际关系是很难处理的。但是当某样东西很难的时候，它就会召唤出更集中的注意力和更高的注意强度。这一生中，孩子也许是把我们从自我中拉出来的最有力的元素。

我曾跟其他家长谈及对孩子出世之时的期许，他们的描述都有些混乱，但这种混乱也是有道理的。他们说到过一种爱意的爆发，但也说到了屎尿的轰炸。

事实上，我们在成为父母的前几周里，我对家长身份的最佳概括就是，它就像是在爱中溺水。倒夜班，缺乏睡眠，难以安抚的哭闹以及各种担忧。怕她没吃饱，怕房间太冷，怕她呼吸的方式不太对。如此种种，造成了一种妄想症，当配上睡眠不足时，这种妄想症便加剧了。可是不知为何你还是热爱这个过程，而且它越是艰难，你对于这项事业的投入就越深。养孩子真的是对立情绪的大杂烩。我和贝兹仿佛一夜踏上爱的激流，漂流翻滚而下，我们的头一路狠狠地撞击在两岸喜悦和成就的岩石之上。

我要坦白说，在我们真正成为父母之前，觉得其他的家长看起来都有点像瘾君子。他们站在那里，怀里抱着可爱的小毒品，向我们招手，邀请我们加入。他们眼睛通红，头发凌乱，笑容灿烂。

这就是真相。艾米琳让我们变成了跟他们一样的瘾君子。幸福、疲惫、多愁善感并喜怒无常的瘾君子。

然而这一切都是设计好的。人际关系，特别是亲密而艰难的关系，提升了我们的故事品质，也让我们得以追寻那种深层的意义感。

当我们书写自己的悼词时，很容易只想到我们自己的成就或功业，而忽略了很多触碰过我们的生命或者受到过我们影响的人。

请记住，我们的配偶、子女、朋友和同事会给我们的悼词提供一种意义的深度。它还会提醒我们，当我们进行晨间仪式时，人际关系是十分重要的。

前面说过，维克多·弗兰克尔的意义疗法，其中第二种要素是"遇见某事或某人"。前面还说过，他这里的意思是让我们把生活的焦点分一些给外在于我们的某事或某人。如果我们扮演的是反派或受害者，我们就做不到这一点。

事实上，我们可以有理有据地说，受害者心态的问题之一，就是受害者心里想的只有他们自己。当然了，真正的受害者绝对有理由这样：他们身陷囹圄，无路可走。但是当我们并非真正的受害者时，我们把自己视为受害者的倾向会阻止我们形成健康的人际关系联结，从而令意义从我们的生活中流失殆尽。

当两个人进入一种互惠互利的关系中时，一段健康的人际联结就形成了。当你有某种能让我快乐的东西，而我也有某种能让你开心的东西，我们交换这两种东西，这段关系就会健康发展。但是如果我们扮演的是受害者，我们就会发现自己总是拿的比给的多。

你很可能经历过一种被称为"卡普曼戏剧三角"（Karpman's drama triangle）的动态关系。斯蒂芬·卡普曼是一名精神病学家。有些人即便不是受害者，也要把自己看作受害者。当我们跟这样的人交往时，会发生一些特别的事情。卡普曼便对这种现象进行了解释和说明。第一个阶段，这个人把自己定位成受害者，是为了吸引拯救者。然后，拯救者顺杆而上，因为帮助了一个受害者而产生良好的自我感觉。然后，当拯救者的资源和耐心逐渐耗尽时，他们便开始指责和迫害那个他们原本打算拯救的人。

回顾你的人生，你很可能会发现，上面这三个角色，你自己都曾扮演过。不管怎么说，进入卡普曼的三角关系会让健康的人际关系很难实现，甚至不可能实现。

再说一遍，健康的人际关系存在于两个互惠互利的人之间。他们每个人本身都很强大，彼此之间赠予的基础是自己的力量与大度。

我曾在一本书中写过，真正的爱是不记分的。我现在要承认，这句话不对。我并不是说我们都应该随时随地记分，而是说在一段健康的人际关系里，你想要付出与收获相当，因为付出与收获会创造一种构建起亲密性的良性循环。

无论如何，对于一个有意义的故事而言，人际关系总是一个关键的组成部分。没有人际关系，没有对人际关系的关注，就很难找到一个有意义的人生。

背负使命的英雄关注世界

但是根据弗兰克尔的说法，"他人"并不是我们可以在我们自身之外体验生活的唯一途径。自然，以其全部的美，把我们的思绪从我们自己的身上移开，引我们进入周围的世界。不只是自然，还有艺术，以其创造性和审美性，亦可助我们解放自己的思绪。美食，雅乐，我们钟爱的故事：这些都是通往关切与欣赏"他者"的通途。

在我的单身岁月里，有一段记忆尤为我所珍视，那就是我在圣胡安群岛中的奥卡斯岛上的那段时光。我去那里是为了完成一本书的写作。时值冬季，旅客罕至。极少有人在这个岛上跨年，所以我发现自己几乎是孤身一人。我每天的时间分成三块，不是写书，就是环岛划皮划艇，除此之外，就是早起带着露西去爬山，并用我的相机捕捉日出景色。孤独

171

是难免的，但是有意识地走到自然中去，这其中却有某样东西缓解了苦痛。这个世界远比我更大，也比我的问题更大。

就连露西也帮助我解放了思绪。

我早过了三十岁，未婚，孤寂，是这条巧克力色拉布拉多犬帮助我找回了某种健康的神志。有一个生命需要我回家，需要去散步，需要去玩耍，还需要睡懒觉，仅仅是这些，就已经在不断地提醒我，这个世界并不是围着我转的。露西帮助我认识到，我是一个更大的生命有机体中一个独立的组成部分。

弗兰克尔说，我们需要对外在于我们的他人和他事感兴趣，我认为他这是在告诉我们，要在生命中找到所爱之物——某种在我们的内部激发一种敬畏感的东西——然后把对这种所爱之物的关切培养成一种日常的习惯。"他者"可以把我们的注意从轻微的自恋倾向上转移。

读我自己的悼词提醒我，关切他人和他事尤为重要。

正是通过阅读自己的悼词，我才记得我此生的意义并不只是要创立一家公司，而是要与他人分享生活，欣赏艺术、音乐和美食，以及创建一个社群。

你能创建一个社群吗？

人们常常对他们所处的社群不太满意。他们要么感到孤独，要么跟身边的人不合拍。但是别忘了，当我们感到孤独的时候，我们会忍不住把自己视为一名受害者，仿佛命运已经决定了我们要孤独。可这并不是真相。

我对于人类最欣赏的地方之一，就是他们有创建社群的能力。如前文所述，我为我的女儿祈祷的第一愿，就是拥有创建社群的渴求。我说的可不是加入一个社群，虽然那也不错。我说的是真正创建一个你自己想要的那种社群的技艺。

你的社交生活是什么样的，为什么要交给命运来裁定呢？为什么不创建你自己梦想中的社群呢？

当我还是个单身汉时，我会把自己的家开放给途经波特兰的音乐家。这样，即便我住在西北太平洋地区，我还是混入了一个奇妙的音乐家社群，而他们当中大多数人住在纳什维尔。那几年，我每年都招待了超过五十名过夜的客人，其中大部分是在巡演的路上。那真是一段有趣的时光。

当我和贝兹搬到纳什维尔时，我们已经有了一个由我们关心的人和关心我们的人组成的现成社群。仅仅通过向巡演路上的歌手/音乐创作者开放我的住所，我就创建了一个至今仍然热爱的社群。

你可以在任何时候以任何理由创建一个社群。你不必请求任何人的许可。

想要在你们家的后花园创建一个社群？那就找到几个家

庭，为他们每家划出一小块地，然后选择一个时间组织大家一起种番茄吧。

相比于只是坐在一起侃大山，我更推荐组织一个有主题内容的社群。找一个借口把人召集到一起，他们就会过来。我和贝兹想到的点子包括主持一场诗歌夜活动或者在后院放映电影。当我和贝兹刚刚搬到纳什维尔的时候，我们邀请了客座发言人前来谈论巴以冲突。不开玩笑，我甚至都不认识州长，就邀请他过来参加，因为州长的府邸就在邻家隔壁。而他竟然来了！他就径直地从正门走进来，坐下来听了场演说。这还不酷吗？

后来，我们又为本地的一名政客主持了一场问答会，由他回答关于影响我们选区的一些问题。我们主持过鸡尾酒课和烹饪课。我们主持过新书发布会和生日派对。具体是什么活动不重要。只要把人聚到一起做些什么，魔法就会显灵。

社群将滋养你的灵魂

一旦我们意识到自己有创建社群的能动性，社群创建就可以启动了。

一两年前，我遇到了一个名叫萨拉·哈梅耶的女士，她创办了一家名为"邻家餐桌"（Neighbor's Table）的公司。

她曾在很多年里追逐职业上的成功，后来意识到拥有大量金钱和权力并不会让她感到满足。真正能让她感到幸福的事情，是跟朋友们围坐在一张餐桌上吃一顿饭。

她还意识到，她不认识自己的邻居。她看了一圈离自己的家不到一百英尺①距离的房子，发现她并不知道住在自己左近的这些人的故事。

她请求自己的父亲做一张餐桌，好让她能邀请邻居过来吃饭。他的父亲名叫李，十分享受这个机会。他刚刚退休，正在找事做。李一交付餐桌，萨拉便立马开厨。那一年，她邀请了超过五百位朋友和邻居过来吃晚餐。她说那是她生命中最有意义的一年。

萨拉和李想要分享这份乐趣，于是他们创办了邻家餐桌。他们制作餐桌，在全国范围内售卖餐桌，并把这些餐桌运送到那些下决心了解邻居的人们家中。

"有些人觉得我是在做餐桌生意，"萨拉说，"但是我是在做人的生意。"

时至今日，邻家餐桌已经手工制作并卖出了超过五百张桌子。

创建一个有目标的社群确实花时间，但是这份投资是有

———————————

① 1英尺约合0.30米。——译者注

回报的。

我从萨拉那里得到了一个线索，决定再创建一个在我的生命中一直缺失的社群。

几年前，我意识到自己作为一家小公司的首席执行官，备感孤独。没有太多人能跟我一起讨论发展一家公司所面临的种种挑战。

我决定创建一个名为"咨询委员会"的社群。基本上，这是一群正在经营规模近似的公司的新朋友。我们每年聚会两次，找点乐事，并分享关于我们独特挑战的看法。

我们通常在自然界聚会。贝兹在我们结婚前就已经告诉我，她"不露营"。所以我和我的朋友们要么租一个海边悬崖上的房子，要么骑着摩托车、开着全地形车（ATV）去野外。我们外出寻找惊奇和敬畏，这样我们才能在返回各自生活的时候更深地扎根于意义之中。

正是在野外围着篝火而坐时，我的灵魂找到了食粮。把自己的忧虑说给咨询委员会的其他成员听，知道我们并不是孤身一人面临挑战，这能让我在回家时变得更加强大。

英雄相吸。我想要同猎取意义的人一起面对生活，并把这场狩猎与他们的朋友分享。

以及还是那句话，我们在生活中需要的不只是人。还有艺术和自然。我和贝兹习惯带着艾米琳在拉德诺湖畔散步，数着躺在圆木上晒太阳的乌龟。我想知道艾米琳会不会在帮我们数乌龟的过程中学会数数。

不仅如此，我还正和我的朋友尼塔·安德鲁斯联手编辑一本《给孩子们的诗》。这本书将收录五十多首孩子们（以及家长）在十七岁前应该背下来的诗。如果艾米琳愿意参与，那么今后她每背下来一首诗，我都会付给她一笔奖金。我希望这场实验花掉我一大笔钱，同时也帮助她把大量的时间花在思考这个世界中美好的事物上（以及不想那些丑恶的东西）。

在我们继续思考一个人的悼词里将要说些什么之前，我们需要暂停片刻，对我们关于他人的经验进行一场诚实的评估。我们是否创建过一个社群？我们有没有把我们所需要的最重要的营养简单地托付给了命运？

我们有没有腾出时间，去欣赏身边的自然世界？

我们有没有驻足片刻，去品味记录着人类集体经验的艺术和音乐？

我们不要指望一个社群凭空落在我们身上。让我们创建一个社群吧。我们不要忘记与艺术和自然的相处。你会发现，即使这会让你的生产力略有下降，但是觉察到身边的美将会帮助你体验深层的意义感。

为了回答这些自省问题，可以列出你想要邀请到你的社群里的人的清单，以及你想要投身外在于自己的自然与艺术世界的方式。

练习问题三

你将在哪里找到社群？为了让自己置身于一个由你关心的人和关心你的人组成的社群之中，你将创建什么，或加入什么？

你将加入或创建哪些社群？

_____

_____

_____

_____

练习问题四

你将选择如何投入自然或艺术，并帮助自己变得对外在于自己的世界更加在意？

为了体验更多的自然和艺术，你将去哪里？做什么？

_____

_____

_____

_____

通过写出我们将要创建或加入的社群和列出我们将要欣赏自然和艺术的途径，我们是在一遍又一遍地提醒自己，生活的意义不在于我们自己，而在于与他人分享我们的人类经验。

英雄与他人分享能动性

当我们开始与他人分享我们的生活时，我们将面对全新的挑战。把他人纳入你的生活、你的视野和你的故事之中是不容易的。当他人被纳入时，我们势必做出妥协。我们的故事变得不再只关乎个体的英雄，而是更多地关乎一组求索意义的主人公群体。

我和贝兹结婚之前，我们做梦都没有想过要住在十五英亩①那么大的地界上，打理一块相当于一个民间度假中心的家宅。贝兹更愿意住在新奥尔良的法国区，或者也可以是曼哈顿或巴黎。她想要步行就可以走到一家面包房。她想要跟住在隔壁的朋友分享生活。她不想去创建一家公司，或者像我之前透露的那样，躺在树下的露营帐篷里。她总提醒我，**面包房的天花板上可不会往下掉蜱虫。**

---

① 1 英亩约合 4 046.86 平方米。——译者注

　　而我呢，则想住在一座小岛上，最好是住在一间有烧木壁炉的小木屋里，浮标紧钉在深邃而黑暗的海峡岸边，上面拴着一只小船。我和露西可以扬帆环游圣胡安群岛，只有在吃饭、听音乐会或看西雅图海鹰队球赛时才靠岸，常常忘了我们的小木屋所在的具体位置，于是只能借着月光找回家的路。

　　但是，跟贝兹在一起，我没有生活在我想要生活的故事里，而她也没有活在她想要生活的故事里。我们都牺牲了自己的那些故事。我们现在活在一个**我们**想要生活的故事里。我们两个人成为某种不同的东西，拥有独立的梦，而且是美妙的梦。虽然我很喜欢我自己的梦，但是我更喜欢当我和贝兹把我们的故事联结在一起之后所产生的那些梦。我不愿意拿我和贝兹共同拥有的那个前廊去换取海峡岸边的帆船。我不愿意拿她在花园里采花的景色去换取海面上翻滚的月光。我们都做了妥协，也都发现了**我们**的故事比**我**的故事更好。

　　话虽如此，我还是会跟我的朋友们去露营。贝兹也依然会去大城市旅行，并坐在面包房里用餐。

　　我很想知道艾米琳会给我们的故事带来哪些变化。我已经等不及了。

　　还是要说，我们必须分享生活，我们必须找到某种东西，把我们的注意力从我们自己身上转移出来，这个观点对于创造一个有意义的人生而言，是一个必要的元素。根据弗兰克尔的说法，如果我们发现，外在于我们自己的某事或某人在减少我们的向内聚焦，我们就会开始体验到更强的叙事牵引力。我们将变得对我们自己的生活更感兴趣。于我而言，这种东西过去是山河，如今是亲友。不论如何，令我们得以每天都体验到意义感的东西，都是**他者**。

是谁或什么把你从自我之中拉了出来？

在你的悼词中，要说到你在练习三和练习四中列出的内容，还要谈到你对这个世界和你身边的人的欣赏。

但是现在还没到写你的悼词的时候。一个好故事需要的不只是一个目标、一个社群和一份对自然和艺术的欣赏。它还需要一种寻求风险的眼光。

9

一篇好的悼词会帮助你找到叙事牵引力

现在我们已经知道，我们需要把其他人纳入我们的生活，并且/或者找到一种欣赏艺术和自然的方式，那么我们接下来该做什么呢？我们可以生活的故事是哪种类型，才会要求我们扩展自己的范围，好让他人加入进来？是时候开始构想一个新的故事了。

要想让我们的悼词有趣（以及在真正活出那篇悼词的过程中找到意义），还有另外一个必要的因素。我们需要创造某种新东西，我们需要把一种此前不存在的现实带给这个世界。而为了做到这一点，我们将不得不承认自己有引发变化的能动性。

有一个终极的标志昭示着我们已经承认了自己的能动性，那就是我们开始把自己视为创造者，而不仅仅是消费者。

消费者购买其他人创造的东西，要么喜欢这些东西，要么抱怨这些东西。而创造者则是在切实地创造消费者的消费品。我这里说的不只是商品，还包括了故事、冒险和真实的生活经历。

　　创造者制造此前不存在的事物。他们创办公司，创作画作，谱写歌曲。他们甚至还创造人。如果只有一个特征可以把人类与其他种类的生物区分开，那就是人类可以想象出一个不一样的世界，然后动手把它创造出来。

　　当我说到创造某种东西时，我说的不仅仅是创造某种宏大的、了不起的事物。虽说有的人在建造火箭、飞上太空，还有人在争夺奥林匹克金牌，但不管是创造某种影响深远的东西，还是创造某种简单朴素的东西，我们从中得到的意义都没什么不同。

　　事实上，我在自己的人生中创造过的最重大的意义就来自女儿的出生。对于我这样一个追逐意义的家伙而言，这真是我始料未及的。我曾以为意义离不开巨大的风险和宏大的计划，但事实并非如此。它要求的仅仅是构想出某种此前不存在的东西，然后通过努力使它存在。

　　当然，艾米琳并不是一个项目。严格地说，是上帝创造了她。但是当我们把她带到这个世界上时，我们创造出了一种新的婚姻、一种新的家庭和一种看待世界的新方式。我的岳母在孩子出生时就对我们说："要记住，艾米琳并不是一个需要解决的问题。她为你们带来一段需要建设的亲子关系。"

　　建设一种新的人际关系是一种美妙的创造活动。

　　随着艾米琳的到来，我想要创造一种关系，在这种关系里，我是一个好爸爸、一个有趣的爸爸、一个有创造力的爸爸、一个在场的爸爸、一个宽容的爸爸、一个智慧的爸爸。这些都有可能实现，但是我必须付出努力，促使它们实现。

有时候，我发现自己不确定艾米琳和我能不能发展出一段坚固深厚的亲子关系。事情的发展当然不会一帆风顺。我不能控制艾米琳对我的感觉。但是我到底是不是她想要与之建立一段关系的那种人，这一点其实完全取决于我自己。而这又是关系等式中相当重要的一部分。

这又再次说明了为什么受害者心态是一种可悲的状态。心理学家阿尔弗雷德·阿德勒告诉我们，如果我们把自己看得低人一等，就像不被人需要也不被人喜爱的受害者一样，那么我们其实是在刻意地选择使用这个视角来保护自己不在人际关系中受到可能的伤害。他指出，我们应该停止把自己看成受害者，要鼓起勇气，投入人际关系中碰碰运气，大胆而谦卑地把我们自己投放出去，去创造我们在生活中所需要的亲密关系。

阿德勒的理论遭到了不少的反对。反对者说，很多人是因为有创伤经历，所以才对人际关系心生畏惧。这是一种决定论。阿德勒也承认创伤会对我们产生影响，但是他相信这种影响之所以起作用，只是因为它为我们提供了一个更好的借口，供我们逃避到受害者心态当中，并为我们屏蔽未来的伤害。而选择逃避的人，他认为，仍然是我们自己。我们的选择并不是由我们过去的创伤所决定的。他相信，我们并不一定要受到来自过去经历的外部力量的控制，因为那个过去如今已经不存在了。

当然，围绕阿德勒的思想展开的争论可能还要持续几个世纪。而虽然我也相信我们一定会受到创伤的影响，但是我不相信我们的未来有任何理由非得交给创伤来裁定。两个人可能经历过同样的创伤，但是他们对于那种创伤的反应才会决定他们的未来。创伤没有力量，力量掌握在经历创伤的人手中。我相信阿德勒的观点是有益的，在于这种思想把能动性交还给了受害者，鼓励受害者把自己的痛苦视为一种他们要继续做出的选择——从而赐予受害者凌驾于自身痛苦之上的力量，并帮助他们面对所处的境遇时换上一种英雄心态。归根结底，如果我们的痛苦和恐惧来自过去的创伤，那么我们的生活就要受到过去的创伤的控制，而我们的能动性也仍然流落在外部。

你一定会想，我们的受害者倾向，会不会有一些并不是我们自己选择的。

不管怎么说，自认为受害者的人往往很难与人建立联结。当我们把自己看作受害者时，我们很难相信自己值得与人建立联结。

弗洛伊德可能说过，"创伤让你成为一个受害者"；而阿德勒则会说，"创伤给了你一个把自己看成受害者的借口，而因为你惧怕人际关系，所以成为一名受害者就给了你一个不去与人建立联结的借口"。

反派在人际关系的创造上甚至更加举步维艰。当然，他们相信自己有能力改变世界，但是在他们使用自己的能动性去创造的那个世界里，他人是弱小的，因为只有这样才能让反派自己感觉强大有力。他们寻求的是复仇。他们追求力量，把它当作对抗仇敌的力量去展示。还有，他们使用人，而不是与人建立联结。为了完成自己扭曲的心愿，他们强迫他人服从自己。但是像这样的心愿并不会产生一种深层的意义感，因为我们不能同时既控制别人，又爱别人。要想爱人，我们必须给他们决策的自由，由他们自行决定要不要反过来爱我们。反派在处理人际关系时，不承担这样的风险。他们太害怕人们对自己不忠了，所以他们要控制那些跟自己亲近的人，并使用他们给自己带来一种自我保护的感觉。

英雄和向导对抗反派，他们为这个世界带来更多的光明，而不是黑暗。如果英雄给这个世界带来的好大于反派给这个世界带来的坏，那么世界就会进步。但是如果更多的英雄落入自己其实是受害者的臆想中，把他们的能动性移交给他人或命运，那么反派就会占领更多的地盘。

不管我们想要创造的是社群、亲密关系、艺术、一个产品、一家公司、一本书、一个非营利组织还是任何其他东西，我们都不得不首先承认自己的能动性。如果我们不做出给这个世界带来某种新东西的决定并信任我们自己的天赋能力，那就什么都不会改变。

如此说来，我们应该想要些什么呢？什么样的愿景才能帮我们体验到一种深层的意义感？这种愿景有哪些特征呢？

故事写作中还有另一个事实也对人生有效：英雄应该想要某种具体的东西。

我们有太多人想要**更多的个人自由、更多陪伴孩子的时间**或以某种方式**被倾听和理解**。虽然这些事情都很高尚，但是它们不够具体，产生不了叙事牵引力。

如果我邀请你翘一天班，陪我看一部关于"一个追求功成名就的家伙"的电影，你大概率会拒绝我。一部关于"一个追求功成名就的家伙"的电影听起来没那么有意思。我们不清楚这部电影讲的到底是什么。

如果我邀请你翘一天班，因为连姆·尼森又有一个女儿被绑架了，我们可以去一个午后场看他这次怎么把女儿救回来，你就很有可能答应了。当英雄想要某种具体的东西时，观众可以切实地在他们的脑海里浮现出这个东西的画面，那么观众也就更愿意体验叙事牵引力，并紧跟着故事一路看到结尾。

　　既然如此，为了邀请我们自己进入一个故事，我们为自己的生活选择的愿景必须是清晰和具体的。只说我的心愿是成为一个"好人"或者"创建一个社群"是行不通的。这些模糊的宣言一说出口就已经失效了。反之，我们要开一家杂货店，让镇上无家可归的流浪者可以在这里免费购物。纳什维尔本地的佩斯利一家，布拉德和金夫妇，正是做了这件事，而且在他们孵化这份令人激动的方案并做出种种牺牲令它实现的过程中，他们毫无疑问地体验到了一种深层的意义感。

　　再次重申，一个具体的愿景并不一定必须是一个宏大的愿景。我们可以邀请十个亲密的朋友去高尔夫度假村，在那里共同创造我们的人生方案。我们可以跟孩子们合作搭建一个花园，并在本地的农贸集市上卖番茄，或者也可以在我们家门前的马路边卖番茄。我们可以在朋友间创建一个父子社群，每年都去蒙大拿钓一次鱼。我们可以创建一个母女社群，为青年女士普及政治常识，为她们展示未来某一天参加政府竞选会是什么样子。我们可以搭建起一堆巨大的宾果游戏板，买好双筒望远镜，在我们的地区范围内识别出两百种鸟类。我们在生活中可做的事情清单是无限长的。

　　在乔治·弗洛伊德被害之后，我环顾四周，发现自己创办了一家几乎全部由白人组成的公司。生意发展得太大、太快了，以至于我忽略了它的多元性建设。我要坦白承认，我一直以来都抱着一种潜意识的偏见在运营公司。但是，我并没有简单地在社交账号上转发一条内容，假装自己对这个议题有所关注。相反，我组织了一个由黑人主导的公司组成的商业群体，这让我能够对纳什维尔地区的黑人企业社群有所了解，从而以友情和理解为纽带，扩大我的团队。至少可以这样说，这次经历令人眼界大开。

我们想要的可能是像成就、快乐、平等和爱情这样的东西，但是为了得到这些东西，我们不得不进入具体的故事当中。

确定的、具体的方案更容易被实现，而模糊的宣言则更易随风飘散。这是为什么呢？因为模糊的、含混的概念无法帮助我们找到叙事牵引力。当我们头脑一片模糊时，我们就没办法把我们的思路锁定在那个邀请我们进入自己的生活中的故事问题之上。相比于"我要记住二十五首诗并做到在任何时间都能背诵吗？"，像"我要扩展自己对于艺术的理解吗？"这样的故事问题，就创造不出同样的叙事牵引力。

第二个故事问题是模糊的，而第一个故事问题则是具体的；第二个故事问题无法产生叙事牵引力，而第一个故事问题则可以。

192

　　同时进行多个故事问题也是没问题的。说到底，故事要通过把各种情节和子情节编织在一起，才能构成一个奇妙而精彩的整体叙事。如果你的子情节与你的主情节完全适配，那么你就不会因为有过多的愿景而手忙脚乱。

　　此时此刻，我和贝兹就有好几个故事正在酿造。我们已经有了一个叙事牵引力（意味着我们已经为这个决意有所投入和推进了），那就是建造鹅山，并利用它为这个世界带来积极的影响。顺带一提，这个故事当然与让世界成为一个更好的地方有关，但是它更大的意义在于同我们的家人一起做一些有趣的、困难的和有意义的事。艾米琳在成长的过程中会认为，打理花园，种植蔬果，让客人们吃到番茄，这些是再正常不过的事了。她还会觉得，在后院参加一个现代艺术展也是平常的事。为什么这样的事不可以是平平常常的呢？它们可以是，所以为什么不让它们是呢？

　　很多人读这本书时会说，我的故事是更容易的，因为我已经在经济上取得了成功。这是真相的一面，但真相的另一面是，我之所以能够在经济上取得成功，是因为我写下了创办一家公司的愿景，然后付诸实践。受害者相信其他人能做自己不能做的事情。但是正如阿德勒告诉我们的那样，我们必须谨防自己生成一种受害者心态，它会努力保护我们不去进行尝试，或者可能保护我们避免在尝试掌握某种新东西的过程中感受到绝望和自我怀疑。再者，体验一种深层的意义感又不需要花钱。它需要的是愿景。我们所要做的全部事情就是让一个愿景发生，然后再去设想下一个愿景。你会发现，对于生活在精彩的故事里的复合式兴趣将飞快地聚沙成塔。

话说回来，这里的要点在于让你为你的健康、职业、社群和家庭所设计的愿景具体起来。它们越具体，你创造的叙事牵引力也就越大，你也会愈加兴奋地早上起床，在你的情节上加一点东西。

你对于你的人生有怎样的愿景呢？当你的朋友和家人坐在你的葬礼上诵读你的悼词时，"你做过的事"将是什么样的呢？

当你的悼词写完之后，它读起来就像是对你人生故事的一份小结。而即便你本人不会在现场听到它，你也必须成为活出它的那个人。每一天，我们都在写一页人们将在未来某一天诵读的篇章。不仅如此，因为你在很多故事里都纳入了你的朋友和亲人，所以他们将会对此多么心怀感激！而当他们知道，由于你活过如此非凡的故事，你也激励他们去做同样的事时，他们又该多么感念不已！

但是我们怎么知道自己想要什么呢？

我时不时会遇见某个不太知道自己想要什么的人。他们知道他们想要享受生活，但是他们不确定怎样推进。我们应该想要哪种类型的东西呢？在我们的故事里，什么样的愿景才算是一个好愿景呢？

为了帮助你找到叙事牵引力，以下列出了一个好愿景的三个特征。

1. 愿景应该很有可能会让你感到尴尬

当你在跟别人分享你想要对生活所做的事情时，感到有点尴尬是没问题的。感到有点尴尬，这就意味着你想要做的事很可能是其他人认为你没有能力做到的事。或者更糟，你想要做的事会威胁到你所处社群的现状。但是不要忘了，我们每个人都可以转变成更好的自己。

可以肯定的是，为一个有创造力的愿景奋斗，总会遇到一些阻力。人们想要你安守自己的车道，不要威胁族群的秩序。但是我在很多年前就发现了这样一个秘密：经过最初的权力斗争——通常由一些消极而具有攻击性的评论构成，每个人最终都会接受新的秩序。要想经历一段伟大的人生并获得巨大的成就，你就是必须愿意让一小部分人在几分钟的时间里感到不适。或者也可能是几个月的时间。

你的朋友和家人会适应你和你的愿景。当你改变车道时，路上的其他司机常常会按喇叭表示不满。让他们按吧。一分钟之后，他们就会停下，然后你就会在新的车道上感到更加舒适，并让这个新车道带你去一个比之前更好的地方。

你是什么人？凭什么想要这么了不起的东西？但是话说回来，谁又是什么人？为什么你不能是什么人？为什么你不能是那个了不起的人？你难道不是一个由血肉、皮肤和声音构成的行走的奇迹吗？你不是你造出来的，是上帝把你造出来的。也许上帝创造你，就是要让你活出一个故事，而不仅仅是坐在后排的座位上，远远地观看其他人活出他们的故事。

如果我们想要活出一个有意义的故事，我们就不能躲藏。

就在昨晚，我组织的一个小生意群体里的一位朋友在聚会结束后把我单独拉到了一旁。我们刚刚轮流把自己的悼词读给大家听，每个人都被我们为自己描绘的愿景深深地触动了。但是沙娜拉没有读她的悼词。聚会结束后，她给我讲了其中的原因。真相是，她想要写一本书。她想要向世界展示一个黑人母亲在一个白人上等社区养大黑人孩子的挑战和美好之处。她想让她的朋友们知道，她正处于青少年时期的孩子们有多么频繁地被警察拦住检查。她想从一个不一样的角度为她爱的人们讲述发生在他们社区里的生活。她想扩展她的朋友们对于这个世界的认识，好让他们对世界的认识变得更真实、更具人文关怀。她打算给这本书起名叫《棕色的熊妈妈》。我一边听她说话，一边深受感动。**"沙娜拉，这是一个现成的好故事，"**我说，**"这个世界需要这本书，现在就需要。"**她迷惑地看着我，似乎在说："我是什么人？凭什么讲我的故事？"但是处在我们当下的文化气候里，你难道不认为她为这个世界奉献她的视角是当务之急吗？她的故事将成为我们所有人的一剂良药。它将治愈我们在他人身上造成的创伤，并阻止我们继续伤害他人。它还能帮助其他同沙娜拉处境相似的女性了解到，她们并不孤单。

我们不能让"我是什么人？凭什么做××？"这样的问题阻止我们活出一个精彩的故事并以此激励我们身边的人。

如果你为自己的人生设立的愿景让你感到有一点尴尬，让你担心人们会不会说："你以为你是什么人？凭什么想要××？"那么你就已经身处一个故事之中了。这个故事能为你提供一些叙事牵引力，同时有助于提升你的意义感。

2. 愿景应该很有可能会吓到你

我的团队奉行这样一句话："在岸边的海浪里学习游泳。"这句话的意思是，你要确保自己以专业人士的标准持续拓展自己的能力。我们乐于把完全没有宣传工作经验的人丢到一场宣传活动中去。我们也乐于给我们的设计团队安排一些他们自己也不确定能不能搞定的软件创意。

为什么我的团队成员需要在岸边的海浪里学习游泳呢？因为我坚信，一个学习成长型的公司应该谋求人的发展。而我们学习的唯一方式就是在我们还没有掌握的技术上摸爬滚打，直到得心应手为止。

在岸边的海浪里学习游泳还有一层含义，就是我们学习游泳地方，双脚还能勉强够到沙滩。每隔一段时间，我们的脚趾都会再次感触到沙粒，但是在大多数的时间里，我们都在漂浮——并且有一点担心自己会被卷入海洋深处。

建造一个家，创办一家公司，进行一次演讲，或者竞选公职，这些都是令人生畏的愿景，但是它们之所以令人生畏，只是因为我们还没有拓展自己。

要想让一个人物发生转变，除了让他们努力尝试自己不知道能不能做到的事情之外，没有更好的办法。

3. 它必须是切合实际的

如果你听信了我的话，准备从悬崖上一跃而下，请赶快停住。

我们的故事还必须是切合实际的，只有这样，我们才能真正或者至少很有可能在现实世界中实现我们的愿景。

如果你想要成为一名著名的乡村歌手，但是你不会弹吉他、写歌、唱歌，那么你就不太可能成功。如果你已经五十七岁了，但是还想要在大联盟里担任四分卫，这种事也不太可能发生。

在岸边的海浪里学习游泳，不是让你把一块三明治装进保鲜袋里，把保鲜袋塞进泳装的腰间，然后从美国游去中国。

不要认为读这本书能让你的梦想成真。这是不会发生的。这不是那种咒语书，教你复述里面的咒语，就可以召唤出神灯里的精灵，让你许三个愿望（虽然那种书看起来都卖得不错）。

你为自己的人生设立的愿景能够真实地发生吗？有其他跟你有同样技能的人也在做你想要做的事吗？如果是的话，那就很好。如果有跟你类似的人也在做这件事，那么你就很有可能也可以做这件事。但如果没有人在做，只要这个愿景真的有实现的可能性，那就不要让这一点阻止你。去做第一个人吧。

你有没有一个想要在人生结束前完成的大愿景？如果有的话，这个愿景是什么？如果你有不止一个，那么请仔细考量每一个，然后把它们写下来，好把它们收入你的悼词中。我已经把你的愿景头脑风暴拆解成了不同的范畴，希望这么做能对你有所帮助。但是，你也不必在每个范畴里都有一个愿景。只需要想出几个你想要在你的人生中实现的具体愿景，你就可以启程了。

练习问题五

完成以下陈述。

为了获得更好的社群体验，我想要创造的东西是：

为了凝聚我的家庭，我想要创造的东西是：

为了让我变得更健康，我想要创造的东西是：

为了提升我的职业生涯，我想要创造的东西是：

为了发展我的智识，我想要创造的东西是：

为了促进我对人性的理解，我想要创造的东西是：

10

书写你的悼词

到目前为止，我们已经思考过自己还有多长时间可活、我们想要在这个世界上做什么事以及我们想要跟什么人分享我们的生活。是时候想象一下我们想要活出什么样的故事了。

"英雄之旅"人生方案的第一项作业，就是书写你的悼词。

书写你的悼词，然后在你的晨间仪式上复习，这将为你带来四个方面的好处：

1. **创造一个过滤器。**因为你的悼词将包括至少一项你已经展开的主要项目，所以它会为你的生活提供一个愿景。这个愿景将创造一个过滤器，帮助你决定如何度过你的时间。手头持有一个要求你采取行动的项目，将帮助你体验到一种深层的意义感。

2. **创建社群。**因为你的悼词将提到在你的故事中与你共同生活或者你为之而活的人，所以它还会提醒你与你爱的人保持联结。保持人际关系的联结是帮助你体验到深层意义感的要素之一。

3. **兑现你的挑战。** 知道你每天面对的挑战将促成一个更好的世界，这会为你遭遇的困难赋予目的和意义。你遇到的挑战正在把你转变成一个更加健康的、更好的自己。这个视角将有助于对意义形成更深刻的感受。

4. **产生叙事牵引力。** 复习你的人生方案将通过创造一种认知失调而切实地帮助你实现自己的愿景。当你拿你的人生应当的样子与它现在的样子进行对比时，你的内心就会生成一种张力。这种认知失调将为旨在消除这种张力的行为提供动力。缓解认知失调的唯一途径就是真正成为你正在读到的那个人。

你的悼词将随着时间的推移而进化

把你写的第一份悼词当作一份草稿。你的人生方案设计出来就是为了被修订的，它应该随着时间的推移而进化。不要把人生方案当作一个我们必须遵从的固定文件。我在接近十年前就写好了第一份悼词，但此后每年都会重审悼词，并改写几次。别忘了，这不是你真正的悼词，它是一个帮助你在人生中创造叙事牵引力以及做出更好决策的创意工具。

但是在你动笔写作悼词之前，还可以先看看这几条可能对你有帮助的建议。

- **保持简洁。**你将面对写作长篇大论的诱惑，但是不要忘了，作为晨间仪式的一部分，你每天都要把它读一遍。如果它篇幅太长，你最后总会跳过这自省的一步，直接开始填写计划表。我自己有时候也会这样做，但是我会尽力减少这么做的频次。你的悼词将发挥北极星的作用。如果你的目光偏离了它，那么你就更有可能走向岔路。保持悼词简洁，这样它才更有可能完成你需要它完成的任务：帮助你创造叙事牵引力。

- **野心十足而又切合实际。**如果你现在已经五十岁了，还希望代表塞尔维亚橄榄球队赢得奥运金牌，那么你的悼词就无法帮助你创造叙事牵引力了，因为它在实际的生活中只能走进死胡同。你为你的人生设定的愿景必须野心十足，足以提出一个故事问题（你会完成它吗?），但同时也不能太过虚妄，以至于压根就没有实现的可能。话虽如此，我可从来都没有想到过自己真的能成为一名畅销书作家，还能经营一家公司，又娶到了贝兹这样一位非凡的女性。你有能力完成的事情，可能远远超过你能想到的事情，所以让你为人生设定的愿景充满野心吧。另外也别忘了，这个愿景最终是否成真都不重要。意义的发现方式是奔着一个愿景采取行动，而不是实现这个愿景。不论你有没有达成你想要的东西，你都会在尝试的努力中找到意义。

● **不要拘泥于细节。**陈述你的死亡日期，列出你留在身后的亲人名单，这些是一份真正的悼词要写的东西。但是我们要写的并不是真正的悼词。这个练习的目的在于为你的人生创造一个对你有吸引力的愿景。除此无他。这是一份虚构的文档，你要活进去，这样它才更有可能成真。说一千道一万，重点还是叙事牵引力。

你不用把每一件事都写进来。我在自己的生活里开展的项目和创建的社群，有很多没有被纳入我的悼词。这些事情可能会出现在我的十年、五年或一年的愿景里，但是它们在我的悼词里是不必要的。就我的故事而言，悼词的意义在于提供大体上的方向。我们将在后文探讨的愿景活页表和目标设定活页表里留出空间，纳入更多的项目。

还不确定要在你的悼词里加入哪些东西吗？下面是一张简要的清单，你可以加入清单上的内容，让悼词变得有趣起来，足以激发你在走入一场有意义的生命体验时所需要的叙事牵引力。

● 你曾开展并完成哪些主要的项目？

- 你当时为什么选择这些项目？你想对这个世界传递什么样的信息？

- 你曾对哪些事业充满热情？你是如何守护它们的？

- 你曾投入哪些重要的人际关系之中？这些人对你意味着什么？

- 你曾归属于或创建过哪些社群？

- 你希望身后留下什么样的遗产？

- 当人们跟你交往之后，你想要人们对你产生什么样的感觉？

- 你曾战胜哪些重要的挑战？

- 如果只能让别人记住关于你的一样事物，你希望那是什么？

- 你想要给后来者传递一种什么样的智慧？

当然了，你不需要加入所有这些要素。你的悼词就是你的悼词。你需要做的只是写出一两个足以激发你每天早晨起床并在故事情节里加上一点东西的段落而已。

何时何地写你的悼词

如果你想现在立马动笔写你的悼词，小试牛刀，那就放开去做吧。把这次尝试看作一份草稿。实际的作业应该有更多深思。当我在工作坊或者课堂上讲授"英雄之旅"方案时，书写悼词的作业会给参与者留出一小时的时间，以便他们有时间展开深思。另外别忘了，这是一份不断进化的文档。有时候，你在散步或者淋浴的过程中会想到某些自己想要在人生中去做的事。要随着时间的推移，不断地修订和完善你的悼词。

很多创建了"英雄之旅"人生方案的人都会腾出一个早上的时间，甚至拿出一整个周末的时间，确保他们有足够的时间深思。你要把自己的悼词和人生方案想成一部小说的梗概。你在梗概上花的时间越多，这本书写起来就会越容易。

同样的道理也适用于这个过程：你在你的人生方案上付出的时间越多，活出一个有趣的故事并体验到一种深层意义感的难度也就越小。

一份有效的"英雄之旅"悼词长什么样呢？下面给出几个范例。从我自己的开始：

唐纳德·米勒

唐纳德·米勒生前深爱着他的妻子贝兹，并无时无刻不陪伴着他的女儿艾米琳。在他的生活里，家庭永远是排在第一位的，也正因如此，他会限制自己工作和旅行的时间，从而更多地享受与自己最爱的人共度的时光。

唐和他的家人建造了一座名为"鹅山"的家宅，他们的很多朋友、家人和受邀的客人在这里得到了休息和鼓励。唐、贝兹和艾米琳热情好客，身边总是围绕着那些努力让世界变得更好的人们。

鹅山举办过读书会、野餐、小型音乐会、募捐仪式、两党政治提案的筹备会、家庭游戏夜、讲座、诗歌会以及许多其他活动，这些活动都曾帮助人们放松身心、找到希望、点亮正被引入整个世界的重要思想。

指导唐纳德·米勒这一生的首要原则是，如果个人能够承认他们自己活出一个更好的故事的能动性，那么世界就会变得更好，以及所有的挑战都可以带来一种福报。他感觉这是来自上帝的一种召唤，并选择以加入上帝的造物过程作为服侍上帝的方式。

唐的公司名叫"商业至简"，帮助商业领导者找到自己的生意中出现的问题，并为他们提供这些生意持续发展所需要的简单框架。他的公司认定了超过五千名商业教练和市场咨询师，并由他们帮助商业领导者发展他们的公司。

唐在去世前写作了超过二十本书。他写过回忆录、商业书籍、小说，甚至还有一本关于他和家人在鹅山的生活经历的诗集。

唐为他的孩子提供了爱、安全感和一个可以学习的榜样。作为一名丈夫，唐始终支持他的妻子，不断地鼓励她，并从未忘记他在这个家庭里所获得的馈赠。

唐从未让他想要活出来的愿景故事排在他与贝兹共同经历的爱情故事之前。

琼·弗里曼

琼·弗里曼曾以传授她的邻居们打理花园的技巧而闻名。在她居住的那条街道上，每个家庭都在她家边上的田地里分到了一小块花床。每个季度，她都会造访这些家庭，帮助他们规划他们的夏日花园。然而，如今回首，我们都意识到她其实对园艺根本不感兴趣。琼爱的是人，她热爱的是看到人随着季节而成长。她知道，人和花一样，只有用心打理，才会繁荣绽放。每年夏天，她都会组织劳动日，邀请所有的家庭聚到一起，分享打理花园的辛苦。

　　住在那条街道上的很多家庭认为，他们之所以在邻里间建立起深厚的友谊，那些劳动的日子功不可没。有些家长甚至还感谢琼帮他们创造了同自己忙碌的孩子们共处的宝贵时间。每一年，她的街坊邻里都会组织一场丰收盛宴，他们会在这里品尝自己亲手种植的食物。琼的丈夫依然在世，二人的婚姻长达三十年，他们的两个孩子也已长大成人，并且在他们各自的街区里都打造了社区花园。总而言之，琼珍视与家人和朋友共度的时光、有营养的谈话、新鲜食品带来的快乐和辛苦劳作后的丰饶收获。在周四举办的葬礼结束后，她的街区将以她的名字命名社区花园，并竖起标语和牌匾。"琼·弗里曼社区花园"今后将由一个理事会负责打理，这个理事会的成员都是来自琼的邻居家的家庭成员。

马修·科尼利厄斯

　　马修·科尼利厄斯留下的遗产包括他的家人、非凡的友谊，还有飞钓。

四十多岁时，马修和他的妻子决定辞掉他们的工作，卖掉他们的家产，在蒙大拿购置一处荒废的度假中心。就是在那里，马修开始组织顺当地河流而下的飞钓之旅。他带领的团队成员都是企业和非营利组织的执行官，他投身其中，因为他相信这些人正在改变世界。

数以百计的人表达了他们的哀思，并回想起在钓船上的那些漫长的谈话。马修在那些谈话中一次又一次地证明了自己是一个绝佳的聆听者和激励者。

马修身后留下了他的妻子和两个孩子。他们都是狂热的钓鱼爱好者，同时也都以自己的方式成为优秀的聆听者和激励者。

萨拉·卡特

萨拉·卡特举办过不下二十五场马拉松比赛，并以此为慈善机构募集了超过一百万美元的善款。

作为哈里斯高中的一名跑步教练，她激励了无数学生为了伟大的目标去做艰难的事。

萨拉为每一场比赛组织本地的宣传活动，造访小镇的报社，主持晚宴，到教堂演讲，甚至在当地的老年中心发表她的演说。她在演说中会突出一家当地的慈善机构，并把自己的网络关系引介给这些机构正在做的工作。然后，她募集资金，举办比赛，总是带着一个跑步者跟她一起行动。这个人要么在慈善机构工作，要么接受过慈善机构的帮助。

她不知疲倦地奔波，在这个世界里推行善举，这让整个社群都发生了改变。非营利机构开始彼此联络，分享最佳的实践案例。城市的领导人开始与慈善机构合作，以提升他们的影响力和执政能力。当地警区把犯罪率的下降归功于萨拉为战胜贫困而做出的努力。

萨拉的身后有一个丈夫和三个孩子，他们都是萨拉事业的代理人，而且都曾同他们的妻子或母亲一起举办过多场马拉松比赛。她的家人们请求人们不要送花，而是为萨拉的基金捐一笔款，匹配其他的跑步者为慈善事业的捐款。

这些悼词远远不止于富有创意和饱含深思的作业。它们都是叙事策略。它们都是方案。我的意思是，你的思想会开始朝着你的悼词已经定义好的方向移动，而几乎是自然而然发生的。你越多次地读自己的悼词，你的思想里就会出现越大的认知失调，而你也就越想要通过让那些故事真正发生来解决失调。

当然，你可以随时随心修订你的悼词，让它更切实际，更有趣，更具激励性，甚至把它改得面目全非。当你读自己的悼词时，它让你对自己的故事感兴趣，那你就做对了。

如果你在悼词写下的东西大部分都实现了，也不用惊讶。当我只有十五岁时，一位演讲嘉宾来到我们的高中，让我们给一个朋友写一封信，描述我们的人生在未来二十年后的样子。他给了我们二十分钟的时间，我信马由缰地拟出一封信，讲述了我想要完成的事。我在得克萨斯州长大，那里的夏天很热，所以我决定自己要搬到俄勒冈州居住，我当时以为这个州与加拿大接壤（如果你能信的话，我的地理考试曾经不及格）。此外，我还会写出一本《纽约时报》榜单上的畅销书，并且拥有一家属于自己的公司。

我把那封信给我的一个朋友看，然后，不开玩笑，二十年后，她在自家阁楼上的一个盒子里找到了那封信。她知道我已经成为一名畅销书作家，于是打电话过来确认我是否真的住在了俄勒冈州，以及是否成立了自己的公司。你猜得没错，这些全部都实现了。

当时，我对于写过这封信只有很模糊的记忆，但是从那

以后，我就开始相信写下愿景的力量。我不是相信写下你的
人生愿景会在宇宙间生成某种魔法，但是我确实相信，它在
你的潜意识里安装了一个总体的指南针。然后，当你走进世
界里时，你会做出与这个既定愿景相符的决策。结果就是，
你会朝着自己的目标前进。

最近，我们的一位商业教练，托尼·埃弗雷特，把悼词
练习带进了加州的一家青少年管教所里。托尼经营着一家名
为"纯粹游戏"的组织，利用体育活动在学校和管教所里开
展性格建设工作。托尼告诉我，管教所里的孩子，生活环境
往往比较艰苦，家庭关系也不和睦。他说，大多数进入青少
年管教所的孩子已经被遗弃了。

当这些孩子书写他们的悼词时，令我大为震惊的是，每
一个孩子都提到了自己想要成为一个好的家长，想要对自己
的伴侣忠诚，以及想要陪着自己的孩子长大。这就好像他们
想要的生活会制止他们被卷入那个恶性循环：

> 马克总是充满爱心，关心别人，风趣幽默。马克是
> 一名好丈夫，为了让自己的妻子开心，他什么都愿意去
> 做。他作为一名父亲，甚至还要更好，愿意把整个世界
> 都送给他的儿子。他还是一名伟大的儿子和孙子，因为
> 走出了街头并留下了一笔惊人的遗产而让自己的家族骄
> 傲。他成为人类所知最伟大的企业家之一，创立了一家

215

公司，即便他去世了，自己的家人依然可以继承。马克总是知道怎么把人逗笑，也知道怎么帮助别人排忧解难。

还有：

安琪儿一直都是一个善良有爱的父亲和一个辛勤工作、令人尊敬的男人。他总是确保他的家人有饭吃，有安全感。他还创办了自己的公司。现在每个人都听说过他的服装品牌。安琪儿总是喜欢把时间留给他的家人，同他们一起玩游戏、大笑、出游，就像那次他带全家人去夏威夷一样。

我读着这些悼词，一时哽咽，因为在这些孩子身上可能发生的事也同样有可能发生在你和我身上。当面临着做出一个好的或坏的决定时，我们会记着我们的故事，那个我们为自己定义的故事，而我们也将问自己，我们即将生活的场景是否属于这个故事的一部分。

而这就是真正的关键，不是吗？当我们把我们的生活想象成一部电影，开始做出让这部电影更有意义且更有趣的决定时，我们就是在建设一个更有吸引力的人生。当我们问自己："如果电影中的一个人做了这件事，我会尊重那个人吗？"我们找到一个更深刻的智慧之所，做好准备去创造一个更伟大的人生体验。

我们的故事不一定非得由命运来书写，至少不是全部。我们可以掌控我们自己的故事。我们可以创立愿景，每天都在故事情节里加上一点东西。我们不是非得成为一名受害者，困在由偶然、冷漠书写的故事里。如果我们制定一个方案，并在晨间仪式上复习这个方案，我们就更有可能活出一个完满的人生，并体验到一种深层的意义感。

花一点时间完成"英雄之旅"人生方案的第一个练习和晨间仪式。写出你的悼词。

你可以在这本书的最后几页或者 HeroOnAMission. com 这个网站上创作你的悼词，然后作为晨间仪式的一部分，每天复习一遍。你的悼词是帮助你创造叙事牵引力的主要工具。

11

勾勒出你的长期和短期愿景

我希望这份悼词作业可以带来生命的活力。通常而言，仅仅是设定一个愿景，就足以给你带来一种希望的感觉了，更别提再加上一种你对自己能够实现这份愿景的能动性的信念了。

话虽如此，当你书写你的悼词并为人生设定一个愿景时，你通常还不知道下一步该从何入手。你甚至可能感觉自己的悼词野心太大了，实现这样一种非凡的人生看似是无法达成的事。

等你完成"英雄之旅"人生方案的第二项作业之后，你就不会再有这种感觉了：分别勾勒出一份十年、五年和一年愿景。

背负使命的英雄一步一个脚印

一旦讲故事的人清楚了故事的走向，他们就要开始铺设那些驱动人物不断接近高潮场景的时刻。

但是，讲故事的人在驱动故事向前发展时，必须小心，不要不知所云。我说"不知所云",意思是故事一定要围绕某样东西展开,而做到这一点的最佳方式就是不要让这个故事再围绕任何别的东西打转。

好的写作不是做加法,而是做减法。讲故事的能人之所以讲得出伟大的故事,是因为他们知道该舍弃什么。

我们都看过一两部不知所云的电影。在影片开始时,我们看到一位想要某种东西的英雄,但是,过了大概半个小时之后,电影又讲起了另一个人物,然后又讲起了下一个人物,结果这个故事再也回不到最开始的那个人物身上了。这时,我们会觉得次要人物是不可靠的,甚至是不可爱的,而我们的大脑也因不得不关注太多不同的情节线而疲惫不堪。于是我们干脆转身离场。

这是一种典型的现象。作者沿着一条特定的路径出发,后来却又想到了一个"绝妙的主意",结果把故事引到了一个不同的方向上去,故事也因此开始变得不再有趣。这之后,他们便无法把一些"绝佳的场景"剪掉,哪怕这些场景对初始的情节毫无助益。

有一句话很适用于写作:"杀死汝爱。"它提醒我们,不管你有多么喜爱一个人物、一场戏或者一条故事线,如果它不能推动主要情节,那你就必须把它舍弃。

前面也说过,生活有时可以提供一种跟坐在剧院里看一部不连贯的电影相似的体验。我每年都会有好几次发现自己身陷这样的情境当中，这些情境对于我为人生确定好的情节毫无帮助。我会飞到另一座城市，坐在一个别人认为我"万万不能错过"的会议上，结果最终只是认识到，尽管会议上的人也在从事某些有趣的事，但这些事却与我正努力为这个世界带来的变化毫不相干。或者还有更糟的情况，我会发现自己因为想要取悦某个人而一头栽入某个项目中去，付出的代价便是损失了我自己故事中的叙事牵引力。

不管怎么说，只是知道了我们的故事主旨走向并写下一份用来记忆这个故事的悼词，还不足以使我们保持专注。

我们还需要一些踮步。我们需要写下那些把我们引入故事里的场景，并确保这些场景都在试图支撑我们为自己的生活确定的主旨。

当然，我们无法控制一切，也不应控制一切。生活常常会丢给我们一些机会，让我们体验某些充满魔力的事物。如果我们对我们的人生故事控制过度，我们就可能错过这些体验。有时候，命运会借我们以东风。但是只有当这场东风把我们吹向我们想要去的地方时，我们才心怀感激。

为了帮助你到达你想要去的地方，我们提供了三份表单，好让你可以把自己的长期愿景拆分成短期的、容易执行的阶段性目标。

223

虽然悼词是一个极好的聚焦工具，但是它有时候会让人感觉像是我们把眼光投射到了十分遥远的未来，或者说它是在描述另一个人。但是当我们创造出一个局限在十年、五年以及一年之内的愿景时，我们就有了一个方向，可以朝着我们在悼词作业中创造的长期目标去生活。

既然终将转变，不如朝着正确的方向转变

我和贝兹在搬到鹅山之前，住在一间小房子里。我在这个房子里没有一间像样的办公室。我决定在后院盖一座小屋，给自己一个可以用来安静写作的地方。这是一间狭小的、十平方米左右的小房间，没有卫生间，也没有自来水。房间里只有一张书桌、一把椅子和一个书架。而它很快就成了我最喜爱的地方。

我在这座小屋里写了几本书。在小屋外，我贴着四周的墙板安装了棚架，棚架在窗子的四周围成了一副框架。整个小屋看起来就像是一只由高端六角形网眼细铁丝网围成的鸟笼。

围着小屋的墙角，我栽种了一圈卡罗来纳茉莉。它藤蔓强韧而生长迅速，春秋二季都会盛开黄色的鲜花。在那几年里，我不断修剪藤蔓，引导它们顺着棚架生长。没过几年的工夫，小屋看上去就像是一只由花和叶编织而成的巨大绿盒

子了。藤蔓甚至挤进了屋里。茉莉穿透木墙和石膏板，在窗子内侧攀绕，顺着窗帘向下，爬到了我的书桌背面。小屋秀色可餐。我喜欢它，因为它提醒我，健康的事物都在生长。

我和你都像卡罗来纳茉莉一样。随着时间的推移，我们都会转变，而且也有希望转变成一个更好的自己。只不过，就像围绕在我的小屋四周的茉莉一样，如果我们不去引导自己的生长，我们就会朝着分散的方向发展。如果我们不决定好故事的生活方向，我们就很可能会活在混乱之中，侵害花园里的其他植物，撕裂我们生活的墙壁，或者在地上摞成厚厚的一堆。这都是因为我们未曾找到可以依附和攀缘的东西。

十年、五年和一年的愿景练习就很像那些棚架：你在决定自己的生长方向上越用心，你的生活就越有可能在故事结束的时候变成你想要的样子。

十年、五年和一年愿景活页表

"英雄之旅"人生方案的第二项作业是填写十年、五年和一年愿景活页表。

每一张愿景活页表都是一样的。从十年的愿景开始，倒推回一年的愿景。

在填写活页表时，你很有可能会发现，你以为自己能在十年内完成的事情是相当可观的，但是当填写到五年和一年的活页表时，你就会意识到，自己之前的志向过于远大了。

等你填写到一年愿景活页表时，你会意识到，活出一个伟大的故事将要求你即刻行动。正是这种你需要在自己的生活里即刻采取行动的意识，才会创造出我们一直寻找的叙事牵引力。事实是，为了活出一个好故事，我们将不得不几乎每天都有所进步。不然的话，命运就会抢班夺权。而且别忘了，命运并不会为你着想，也不会谋划害你。它就是在那儿而已。而你则不同，你拥有意志，也可以左右自己未来的样子。

如果说悼词是对于梦想和希望的练习，那么这些活页表则更具实践意义。为了让一个梦想成真，我们不得不扛起榔头，埋头干活。这些活页表将帮助你了解你需要干什么样的活。

愿景活页表的样子如下页所示。

当你完成这一章之后，你就可以创建你的十年、五年和一年愿景了。或者你也可以先把整本书读完，然后再集中一次性处理，创建出你的整个人生方案。你可以使用这本书最后几页，也可以打印出一份更大尺寸的人生方案和每日计划表，还可以加入 HeroOnAMission.com 网站上的社群并使用在线软件。

我的人生方案——十年愿景

如果拍一部关于你今年的生活的电影，应该
给它起一个什么样的标题

年龄

_____

_____

职业

- _____
- _____
- _____

健康

- _____
- _____
- _____

家庭

- _____
- _____
- _____

朋友

- _____
- _____
- _____

精神

- _____
- _____

- _____
- _____

我每天要努力做到的两件事

- _____
- _____

我不做的两件事

- _____
- _____

我的故事在这一阶段的主题是

_____

再次强调一遍，十年、五年和一年愿景活页表是完全一样的。你只需要把同样的作业完成三次即可。

一旦你完成了这些功课，你就有了四页材料，可以在每天的晨间仪式上复习。首先，你要读你的悼词，然后，你再复习自己的十年、五年和一年愿景活页表。

复习这些内容，再搭配上你的每日计划表，你在生活中体验到的叙事牵引力就会大幅提升。你将在每天早晨爬起床，每一天都比前一天对自己的故事更感兴趣。

为了帮助你完成这些练习，我将分别讲解每个板块。因为三份活页表是完全相同的，所以当你完成了十年活页表之后，接着往后按照同样的练习方式填写五年和一年的表格即可。

你的电影标题是什么？

如果拍一部关于你今年的生活的电影，应该给它起一个什么样的标题

每个版本的活页表都需要一个电影标题。我之所以要求你为你接下来三个季度的生活创作一个电影标题，原因有二。第一，我是想提醒你，你的生活是一段在实践中向前发展的叙事，并且理应有一个主旨。第二，与你的悼词一样，你的故事标题将帮助你的愿景在你的想象中变得鲜活起来。

当你为每个愿景版本选择标题的时候，首先要想象你十年后、五年后和一年后的生活。然后，再分别起一个描述那个人及其所成为的样子的虚构电影标题。

要记住，你是在看向未来。你可能不是你现在想要成为的那个人，但是我们不得不在视野延长线上选定一个点，并朝着它向前；不然的话，我就不知道该朝着哪个方向去转变了。

我的十年愿景电影标题是《无畏的领袖》。我之所以选择这个标题，是因为在我小的时候，我的母亲在我的卧室墙上挂上了几块解释名字含义的匾牌，其中，"唐纳德·米勒"这个名字的下面就印着"无畏的领袖"这几个字。我至今仍记得自己看着这块匾牌，无比确信它说错了。我绝对不是一个领袖，更不是一个无畏的人。但是经年累月下来，我却在不停地接受担任领袖的机会，因为我感觉自己好像理应成为一个无畏的领袖。

我有时候会想，那些匾牌上的内容都是胡乱写的，目的就是为了哄骗小孩子在他们的人生里搞出点名堂来。如果真是这样的话，那么我十分感激。相信自己理应成为一名无畏的领袖，这影响了我的整个人生，因为它促使我去寻找和承担更多的领袖责任。

可是，我依然有一些转变有待完成。未来实现我的人生目标，我将不得不发展出甚至更大的勇气。供养家庭，经营公司，乃至写作更多的书，这些都意味着我不得不持续相信自己的声音，并坚信自己的想法是至关重要的。

从某种角度上讲，每一个背负使命的英雄都必须转变成一个无畏的领袖。

我的五年电影标题是《打造一份遗产》，因为我愈加真切地意识到，我带不走我的故事；我不得不把故事留给身后的艾米琳和贝兹。我想要她们对她们共同参与创造的这个家庭有一种强大的积极认同感，而我想做好我这部分的工作。

我的一年电影标题是《专注于打下一份坚实的基础》，因为我正面临着有生以来最多的让我分心的事，而我在接下来的一年里要做的事就在为后面的二十年打下基础。我的公司还有很多内容需要创造。在接下来的十二个月里，我需要勤奋地工作。更具体地说，我需要在正确的事情上付出努力。

在我成为一名无畏的领袖的道路上，我将不得不在我的个人转变过程中经历几次其他的故事和考验。我将不得不保持专注，付诸实践，并同我爱的人们一起打造一份遗产。愿景活页表和电影标题将给我以指引，就像我过去那间写作小屋墙上的棚架引导藤蔓一样。

我已经决定好我想要生长的方向了。鉴于我能够掌控自己的人生并接受自己的能动性，我将顺着我在这三份活页表中构建起来的棚架攀缘生长。

写下你的年龄并设定短期的截止日期

活页表上的下一栏为你写下自己十年、五年和一年后的年龄留出了位置。

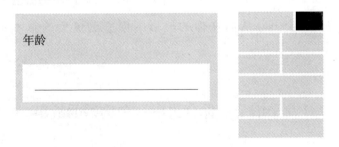

看着我的愿景活页表，读到上面的数字"59"，这给人

一种奇怪的感觉。当我们还是孩子的时候，我以为孩子生来就是孩子，而老人生来就是老人。你几乎很难应对自己也会变老这个事实。真相是，不管我们在自己的故事页面里有没有写下什么好的内容，这些页面总会朝着结尾翻过去。意识到你的故事中有一个嘀嗒作响的时钟是成长的一部分，它既残酷，又美妙。认识到我们的故事总有一天会结束，会让采取行动的需要变得更加紧迫。

当我们写下自己在十年、五年和一年后的年龄时，我们就会更充分地接受这一事实：我们的故事空白页正在翻动，而我们有在这些页面上书写某些有趣的东西的能动性。当有一天你早上起床，发现你距离十年活页表上的那个数字只有九年的距离了，这种认识更会格外强烈！时钟真的在嘀嗒作响。

当你在每天的仪式上复习你的人生方案，读到你在十年、五年和一年后的年龄时，嘀嗒作响的时钟产生的心理学效应就会提升，从而在你的故事中创造出更大的叙事牵引力。

开发子情节，你会讲出一个绝妙的故事

愿景活页表在另外一个方面也会发挥作用，那就是帮助

你识别出主线故事中的子情节，并加以开发，从而获得可能的最好结果。

子情节能让故事在向前发展时保持一个足够快的速度，这就让听故事的人不会丧失兴趣。

当你去看一场电影时，你可能以为你在看一个故事。但事实并非如此。你真正在观看的是由一条主线情节缝合在一起的一系列短故事。

例如，如果故事的情节是关于一个想要跑马拉松比赛的人，那么就可能存在一个关于这个人的职业生涯的子情节，另外可能还有一个子情节，讲的是他受到了来自体型健硕的老板的威胁，后者对他腰间凸起的"游泳圈"大加斥责。可能有一个子情节讲到了他的女朋友，她为一枚结婚戒指等待了多年，已经开始觉得他无药可救了。可能还有一个子情节，讲的是他多年以来如何凭借热狗、玉米片和棒球赛来维持与父亲的羁绊，但是现在，他不得不做出可能破坏这种羁绊的改变了。

只要对主情节有贡献，子情节就是极好的。

你的悼词为你的人生故事定义了主情节，而你的子情节会像短故事一样在那个主情节内上演。你的子情节会给你的故事带来它为了保持趣味性而必需的多样性。

这些活页表划定了几个我们大多数人共通的子情节。

职业	健康
• _____	• _____
• _____	• _____
• _____	• _____

家庭	朋友
• _____	• _____
• _____	• _____
• _____	• _____

精神	
• _____	• _____
• _____	• _____

　　在你的故事中创建子情节将有助于你把自己的目标分门别类，这样一来，你就能对发生在人生不同面向上的项目了如指掌了。

　　例如，在我的职业子情节中，我为我的公司设定了财务目标。我还加入了我正在写的几本书，甚至还有我与朋友们合作推进的副项目。

　　而在健康目标的范畴内，我想要再次具备在一天之内骑行一百英里的能力。关于家庭目标，我写下的是我想要守在家人身边，完成养育一个婴儿所需的大量工作。我还补充了一点：我想要成为一名出色的厨师，这是最近令我倍感兴奋的一个爱好。

　　我的朋友目标包括深化我创立的咨询委员会和继续在鹅山举办活动。

　　我的精神目标围绕我的晨间仪式展开。在这个仪式上，我会花时间为贝兹、艾米琳和我最亲近的朋友们祷告。

　　这些子情节确实分别都是一个独立的故事。但是因为它们都与我人生的主线叙事（帮助人们创造并活出更好的人生）相契合，所以对我的人生而言，它们都是有意义的。当然，有时候我会忙碌过头。但是过度忙碌的问题是很容易解决的。只有在错误的方向上过度忙碌才会令人心生厌倦。

　　让我的子情节与我的人生主线使命保持一致，这使我得以幸免于在一个不知所云的故事里生活。

英雄通过采取行动来进行转变

　　截至目前，我们的愿景清单已经涉及了梦想和计划。但是在一个故事里，英雄还必须采取行动。没有多少电影讲的是两个人坐在一张桌子上谈论人生。观众需要看到实际的行动，才能保持对故事的兴趣。

文学作品亦然。你会发现，伟大的作家总是使用主动的语言，与动词形影不离。人物**掀**开他们的床单，**蹬**上他们的拖鞋，朝着淋浴的冷水尖**叫**，然后**拉**上裤子，**扣**紧腰带，**吸溜**了一口咖啡，摸索着**冲**出了门，**甩**起空着的那只手，**拦**下了一辆出租车。

在故事里，在人生里，人物必须采取行动。我知道，你正在读的就是一本书，而你很可能正在坐着读它，但是希望等你读完之后，你能带着力量投入你的使命中，开始行动。

我们不会在思考或梦想中发生转变。我们要去行动。

在你的愿景活页表底部，我多加了一块区域，供你写下你承诺每天会做的两个动作。对我而言，我承诺的是至少锻炼二十分钟，并且每天都写点东西。

当然，你还要完成任务清单上和预约事项里的动作。你将把这些写在每日计划表上，我后面很快就会讲解到。但是，每天都有两个必选动作，这能保证你朝着一个积极的方向持续行进。

你预设要采取的行动应该易于执行并可以重复，最重要的是，它们得是基础性的动作。我所谓的基础性，意思是说，你将要采取的行动会成为多米诺骨牌的第一张。如果我每天早起写作，这就意味着我完成了自己的基础性动作。即便我只写几段，不间断的、日复一日的行动也意味着，等到我的葬礼临近之时，我也将写完超过二十本书了，而这正是我在自己的悼词中写下的愿景。

不仅如此，我正在采取的推动自己前进的行动对我人生的其他方面也会产生一种多米诺效应。例如，因为每天早起写作，我就更有可能跳过前一夜的那杯威士忌，从而睡个好觉。事实上，在我确定了早起写作的日常动作之后，我几乎不再喝酒了。这为我的睡眠、健康和写作都带来了好处。换句话说，如果我每天早起写作，我的整个人生都会稳定在一个健康的节奏上。

锻炼身体也有类似的效果。仅仅是每天二十分钟加快心率的运动（我围着鹅山步行或游泳），就让我变得更加健康了，同时还给了我二十分钟的沉思时间（我最妙的想法都是在步行的过程中想到的）。我还更有可能吃得更好了，因为在步行过程中感觉自己行动迟缓可不怎么有趣。锻炼身体还确保我在当天照管好了自己的心脏，从而让我能活得更长一点，有更多陪伴贝兹和孩子的时间。

我得坦白，我在写作上的坚持比我在锻炼身体上的要好

237

得多。我大概每周写作五天，但是只锻炼两到三次。但不管怎么说，我都给自己以极大的宽容。尽管我想要每天都做这些事，但事实上，只要每周都做上几次，我就已经比没有这两种每日规定动作的情况要强得多了。

如果你有几天没完成动作后就开始感到内疚，那么你的人生方案就会成为一个令你感到羞愧的工具而变得一文不值，因为你很有可能会就此放弃。与其如此，不如给自己多一点宽容，让每日的任务负责指定一个方向，然后努力朝着那个方向前进，能坚持多少天，就坚持多少天。人生方案不应该审判你；相反，它应该引导你，甚至给你鼓励。

每天规定两个动作，这两个动作将组织并结构你的生活，让你更有可能实现你在悼词中设定的愿景。你想要每天采取的两个动作是什么呢？

花上些时间来决定你将在每一天努力做到的两件事，然后把它们加入你的愿景活页表里。

如果你想要这些动作随着时间进化，那么它们就可以在五年和十年的活页表里变得野心越来越大。

例如，今年，你可能想要每天步行，但是五年后，你可能想要每天跑三英里。当你复习自己的活页表时，你就会知道，你正在坚持的步行需要进化成跑步。

我每天要努力做到的两件事	我不做的两件事
• ——————— • ———————	• ——————— • ———————

英雄也通过决定不做什么来进行转变

约束与采取行动同等重要。愿景活页表会问你，你要就此告别哪些不健康的活动或动作。

我决定不再做的两件事是吃甜食和用一种贬低的态度谈论别人。

如果我不吃糖，我就能感觉更好，写更多的字，在重要的交谈里更有存在感，并且更加健康。如果我不用一种贬低的态度谈论别人，即便他们可能看起来罪有应得，那么我就会变得更加积极乐观，而且不会觉得自己好像是在背后谈论别人的伪君子。

这是我为了限制自己内心反派的舞台时间所采取的方式之一。反派终日算计他们的敌人，并以贬低他人作为感觉自己有力量的一种方式。我想要尽可能地避免这种行为。

在生活里，你有就是不想去做的事情吗？你的价值观在

239

你的行动中有所显现吗？

事实证明，我不做的动作与我做的动作同样有效，甚至更有效。即便我对采取行动有一种强烈的偏爱，但是我真的要说，给我的人生带来最大变化的是约束。我想要以一种积极的方式谈论别人。当然，这个世界上有坏人，他们的恶行理应被揭穿，这也是对他人的提醒。但是大多数时候，当我们选择看到他人身上最好的一面时，生活就会变得更好。

不论你选择每天去做的两件事和你选择约束自己的两个方面具体是什么，这里的核心观点是开始采取行动，成为一个更好的自己。

当一名英雄朝着摆在自己面前的挑战开启生活时，转变就开始发生了。为了完成你在愿景活页表上写下的事情，你将不得不成为一个完全不同的人。

如我此前所说，受害者和反派不会转变。受害者可能获救，但是他们不转变。反派直到故事结尾依然是故事开始时那个邪恶残忍的人。而背负使命的英雄则会发生转变。

英雄没有留给虚无主义的时间

创建你的"英雄之旅"人生方案的最大好处是，它将把你从一个感觉无意义的生活中解救出来。

你越多地复习这个方案，就越能避免维克多·弗兰克尔警告过我们的那种存在的真空。

你绝不会看到一个行动中的英雄对着摄像头说："我厌倦了。"

丹泽尔·华盛顿、马特·达蒙、盖尔·加朵和连姆·尼森扮演的角色忙着拯救世界，压根没有时间感到厌倦。

虚无主义者认为人生是无意义的，没有起身做出改变的理由。但是，随便给我找来一个虚无主义者，我会让你看到，这是一个对生活感到厌倦的人。他们没有愿景。他们没有内部控制点。他们不承认自己的能动性。

真相是什么？虚无主义者太闲了。

我这么说并没有一点侮辱的意思。如果你站在严谨的哲学角度去努力看透人生的意义和人性的目标，那么你就很有可能变成一个虚无主义者。尼采、萨特、波伏瓦和克尔凯郭尔都被认为是虚无主义者。这些家伙可都比我聪明太多了，所以上帝保佑他们。但是，我并不认为人生唯一的意义在于被研究和被看透。我认为人生更多的意义在于"被生活"。一边拉着心爱之人的手，一边柔声地解释发生在你们二人之间的事情背后的脑科学原理，这可一点都不浪漫。干脆直接亲热起来，不是有趣多了！

还是那句话，意义只有在行动中才能体验。你的愿景活页表将帮助你精准地锁定生活的方向，并对标要采取的行动。

虚无主义和一种萦绕不绝的宿命论感觉是供久居不动的人们体验的奢侈品。外科医生在做移植心脏的手术时，绝不会沉思生命的虚无性。他们忙于拯救生命，没时间沉思生命的意义。他们忙于体验意义，没时间争论意义的价值。

关键在于：行动。建设某些有意义的东西。计划你的使命，对抗让你分心的事，这样你就能在人生的故事情节里加上一些东西了。

你的悼词和愿景活页表将有助于你更好地理解你想要的故事主旨。而接下来的两种工具将在情节里加上一些东西，并让它实现。

在接下来的两章里，我们将谈到如何设定作为你行动方案一部分的目标。最后，我将为你展示一页整合了全部内容的每日计划表。

12

英雄会把事情搞定

你可能在你的愿景活页表上列出了一些你想要带给这个世界的项目。你想要写一本书，创立一家公司，或者打理一个花园。

创建你的人生方案并体验一种有意义的人生的（非必选的）第三步，是填写你的目标设定活页表。

我之所以说这些目标设定活页表不是必选的，是因为它们对你而言可能不是必要的。

你的十年、五年和一年愿景可能已经足够帮助你创造叙事牵引力并带着专注和意图展开每一天的生活了。

话虽如此，有些时候，特别是当我启动某些新项目的时候，设定一个目标还是会给我带来好处。我还使用目标设定活页表帮助自己充分理解主要的项目。

话虽如此，我并不会每天都在晨间仪式上复习自己的目标。我最多每周复习一次。这是因为我的愿景活页表就足以让我保持十足的动力了。

每周复习一次我的目标设定活页表，这能让我日常的晨间仪式变短一点。而因为它变短了一点，我也就能更频繁地执行这个仪式了。

话虽如此，我们此前还曾确认过，活出一个故事的核心是采取行动。但是我们要在什么事情上采取行动呢？

就在此刻，我手头有好几个目标。你既然正在阅读这本书了，那就说明我至少完成了其中的一个。等我完成这本书的写作后，我还有三本书要写。每一本书的写作都是一个目标。

鹅山曾是写在一张目标设定活页表上的目标。现在它已经存在了，或者至少大部分已经存在了。我还使用这类活页表去想象新的生意领域，乃至新的社群。

但是，完成项目与实现目标，还需要有一定的策略才行。

达成目标需要一个方案

我们无法达成目标的一个原因，是我们以为设定一个目标并把它写下来就能像施魔法一样让我们实现它。但是目标并不会仅仅因为我们把它写下来就会实现。我们需要执行某种方案。

很多年前，我为了跟贝兹约会，从波特兰搬家到华盛顿。我卖掉了自己所有的东西，买了一辆大众露营车。在九十年代的某几年间，大众重新推出了他们的露营车，装配了一张帐篷顶的床、一台洗手池和后排的长座椅。我心想，这很可能是我和露西在进入安定的婚姻生活之前的最后一场大冒险了。

为了这场旅行，我购买了市面上的所有关于设定目标、意志力和自律的有声书。但是，我没有走自助的路线。我下载了心理学家和神经科学家的著作。我并不是在寻求鼓舞，而是更多地在寻找了解我自己的大脑并做成更多事情的法门。

我不记得我听过多少关于这个主题的书了，但是美国很大，而我从西岸横跨到东岸，一路都在吸收这些资料。我和露西缓缓驶过西南的拥堵路段，转入关于脑化学的论文。

露西没有吸收太多，但那是因为她大体上对现有的生活感到满意。而我则学到了很多。

可还有一个问题没有解决：我听的这些书并不具备实践性。心理学家和研究者有时候很难把他们的发现应用到可供行动的任务上。我需要的是一张可以填写的工作活页表，帮助我把这些研究成果加以运用。

目标设定活页表和我将在下一章为你介绍的每日计划表就是我在那场公路旅行途中形成的个人方案的产物。

英雄之旅

目标命名

为什么这个目标对你很重要　　　　**完成日期**

目标合作伙伴

里程碑　❶　　❷　　❸

日常牺牲

打卡记录

帮助你达成目标的七个要素

当你思考你想要完成的项目和你想要设定的目标时，请考虑以下要素。

要素 1：了解为什么目标是重要的

活页表上的第一个问题是："为什么这个目标对你很重要"。我提出这个问题，是因为当我们理解自己想要达成某个目标的深层原因时，我们就把它与我们的个人叙事联结了起来。

举例而言，如果我们设定的目标是还清债务，那么这就只是一个数字的目标。但是如果我们提醒自己，一旦我们还清债务，我们就可以有更长的家庭度假时间，并有能力供自己的孩子上大学，那我们就更有可能让它发生了。

为什么这个目标对你很重要

当我们问一个目标为什么重要时，我们实际上在问的是："赌注是什么？"在故事里，赌注是一种帮助观众抓住叙事牵引力的有效工具。

这里的意思是，我们要明确地认识到，如果我们实现目标或者没有实现目标，我们能赢得什么或输掉什么。

如果我们把赌注从一个故事里拿掉，那么我们就会把这个故事变得索然无味。如果连姆·尼森飞越重洋去拯救另一个被歹徒绑架的女儿，只不过这一次他发现这只是一场发生在女儿身上的大学校园恶作剧，所以电影后面的九十分钟演的就是连姆跟女儿坐在一家咖啡店里讨论她应不应该读研究生。这部电影本质上就是一发哑炮。

利用你的晨间仪式提醒自己为什么你的目标是重要的，这将提高你贯彻目标的概率。

要素 2：完成日期

截止日期能帮助我们达成目标。我们在写作悼词和计算自己还有多长时间可活的时候讨论过，截止日期会提升紧迫性。

如前所述，我们在自己的生活以及目标中寻找的东西都是叙事牵引力。知道自己设定目标的原因，并知道自己需要在何时完成目标，这能让我们的大脑进一步投入故事之中。

在你的目标设定活页表上写下你期待完成目标的时间。

写下我们期望的完成日期将启动倒计时的时钟。每天早晨，当我们复习自己的目标时，我们都将听到这台时钟越来越响地嘀嗒。正因如此，你也将对完成自己的目标越来越有兴趣，越来越有动力。

完成日期

要素 3：目标合作伙伴

知道目标为什么重要并设定一个截止日期都是帮助我们达成目标的有力工具。但是我们还能通过在社群的语境中设定并达成我们的目标来进一步提升我们的叙事牵引力。

目标合作伙伴是指一个或一组与你并肩而行的人。他们试图实现与你完全一致的目标。

目标合作伙伴

我说的不是责任分摊伙伴。我说的那些人会设定与你完全一致的目标并与你共同进入故事里，让你不再孤身一人前行。

试想一下。如果我们想要减掉 20 磅体重，我们可以确认自己的理由，并设定一个截止日期。而在大概一周以后，我们就会在我们的外卖比萨上多点一份香肠了。

但是假如有几个朋友之前也提到想要管理身材，你给他们打电话，邀请他们来吃一顿晚饭，顺便向他们说明，你想要成立一个减重小组，让小组成员共同实现这个目标。你给大家 6 个月的时间完成目标，然后你们每个人都在一个罐子里投入 100 美元，约定减掉 20 磅的人就可以把自己的 100 美元拿回来，同时还能赢得没有完成目标的人留在罐子里的那份钱。然后你们说好，在未来的 6 个月里，每周六的早上 7 点都在公园会面，步行 3 英里，分享自己的训练心得，并互相给予鼓励。

这个方案显然更可能奏效。说到底，我们都是社会动物。我们结伴同行，要比一个人走得更远。我们在意别人对我们的想法。我们为朋友和家人付出的努力要比我们仅仅为个人利益付出的更多。

这里的关键在于围绕目标创建一个社群。你想让你的生意规模翻番吗？你想要找到一个更好的工作吗？不管你的目标是什么，创建一个聚焦于共同实现那个目标的社群吧。找到愿意与你共同实现目标的伙伴，你会极大幅度地提升击中目标的概率。

要素 4：里程碑

当你看不到山顶的时候，保持动力十足往往是很困难的事。减掉 20 磅体重或者创办一家公司，看上去都像是一次无比巨大的挑战。

能对这种更大的目标起到帮助作用的，便是里程碑。当我们把我们的目标分解为更小的部分后，我们就能看到自己的进步迎面而来，这样我们也就有了沿路庆祝的理由。

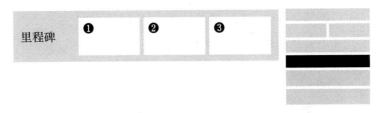

在我的公司，我们每年都会确立一个年度财务目标，以及十二个月的月度目标。我们甚至为每条收益来源都设定了一个受益目标，而且也把它们的目标都拆分成了十二个里程碑。

把一个大目标拆解成里程碑不仅有助于我们庆祝过程中的胜利，还让目标更具可实现性了。填写创办公司所需的文件，然后创建网页，进而制作并运输我们的第一款产品，这些听起来都不像"创办一家公司"那么令人生畏。

当你重温里程碑时，你将有能力看到自己走过哪些地方，并将前往何方。你还将对自己的进步形成清晰的认识。在你面对挑战时，这都有助于提升你的士气。没有什么比一点点进步更能提升我们的希望感了。

要素 5：日常牺牲

很多人以为，写下他们的目标是某种可以确保成功的魔法程序。

这当然不对。我们必须提前设定目标的唯一原因，就是目标会要求我们做出我们本不愿意做出的牺牲。没有什么魔法手段能够绕开这一点；不然的话，达成目标也太容易了。

我们需要的是对于日常牺牲的具体的认识。而这些牺牲是我们为了达成目标而必需做出的。

比如，如果我想要摆脱信用卡的债务，我的日常牺牲就可能是每天存下 10 美元。然后，每个月一次，我会用这 300 美元左右的钱去还清我的债务。一年多以后，可能我的债款就还清了。

日常牺牲

如果我的目标是增长我的新业务，我的日常牺牲就可能是每天拿起话筒，打两个推销电话。

英雄明白，值得追求的事物都要求牺牲。受害者则相反，他们不相信自己有能力做出牺牲，因为他们被困在原地，没有力量，也没有能动性。

关键是做到一种日常牺牲。随着时间的推移，它将累积成显著的进步。

在目标设定活页表上的"日常牺牲"板块，写下你的日常牺牲，这样你就能更加清楚你每天为目标付出的小小代价。

要素6：打卡记录

在我们决定好自己的日常牺牲之后，我们就可以把我们的目标设定练习变成一场计分游戏了。

在我们的目标设定活页表底部，有一个"打卡记录"板块。我们每天完成日常牺牲之后，就可以在这个方格里打一个叉。

打卡记录

如果我们连续两天打卡，那么我们就很可能会发现自己想要延长这个记录，再多打卡一天，接着再多一天。如果我们某一天没有打卡，那么自然而然地，我们只要再开始下一次连续打卡记录就可以了。

这是我从杰瑞·宋飞那里学到的又一个道理。他开始在自己的日历上打叉，表示这一天他完成了一件特定的任务。

随着时间的推移，他逐渐发现，自己完成任务更多是为了打叉，而不是真的完成那个任务。他不想打断自己的连续记录。尽管如此，任务的完成还是让他的生活变得更好了。他把一个好习惯变成了一项带有记分牌的游戏。

要素 7：同一时间不要设定超过三个目标

最后一个要素是只能有三个目标同时运行。如果我想要骑行一百英里、还清债务和写一本书，我就会把三张活页表抽出来，与其他活页表区隔开，作为识别我的主要目标的方式。只有当我完成了其中一个主要目标之后，才会把另一个其他目标升级到主要目标的范畴里。

我现在有大概十张目标活页表，但是我在每天的晨间仪式上只复习其中的三张。

这么做的原因是，大脑很难同时聚焦超过三个优先事项。一旦加入第四个目标，你就不如再多加二十个目标了，因为大脑会开始把你的优先事项当作随机的信息，丢入一个隐喻性的垃圾抽屉里。

英雄采取行动

在电影里，镜头跟着英雄移动，因为英雄采取行动，而行动才是有趣的。英雄行动，英雄做事情。目标设定活页表就是设计出来帮助你采取行动的。围绕你的目标采取行动将帮助你创造一个更有意义的生活体验。

达成一个具有挑战性的目标需要精心的计划和持续的投入。我希望目标设定活页表能帮助你确认你的目标并贯彻始终。

下面，让我们来看一个帮助你创造叙事牵引力的终极工具：每日计划表。

13

"英雄之旅"每日计划表

过去十五年来，我的生活因为一个简单的、十五分钟的功课而得到了极大的提升。我填写了我的"英雄之旅"每日计划表。

在我开始填写每日计划表之前，我对自己在某一天应该做什么总会有一些困惑。我可能知道我在上午九点有一个会议，但是我总感觉自己在九点前还有某件别的事一定要做。我知道昨天遗留下来的几件事需要今天收尾，也知道贝兹需要我在今晚客人来访之前处理一些与房子相关的事情。因为我不太确定这些事的优先级，所以我会查看自己的邮箱，浪费一点时间。然后，我就会偏离正轨，因为我开始处理工作上的某些问题而不能自拔。

在类似的早晨，我的生活就有一点像厨房里的垃圾抽屉。仿佛我需要做的每一件事都被丢进了同一个隔层里，我的优先事项一件压着一件，难分难舍。结果就是毫无清晰性可言。

每日计划表会引导你完成一个十到十五分钟的练习，对于什么事情重要、什么事情不重要，给出绝对清晰的区分，然后，它会给你一份简单的方案，梳理好你一天中的绝大部分时间。

不只如此，在填写计划表的过程中，你还能想起自己可能生活其中的故事，由此大大降低让命运掌控方向盘的可能性。填写你的每日计划表将激活你的内部控制点并确保你使用自己的能动性去指挥自己的生活。

日常习惯是指挥自己的故事的根基

活一个好故事和读一个好故事是两回事。读一个好故事是愉悦的，因为作者花了数月乃至数年的时间，把不应出现在故事里的东西剔除了。活一个好故事则更像是写一个好故事。而写一个好故事的起点，就是一位作者养成了坐下来工作的纪律性习惯。

昨晚，我跟我的小生意群体聚会，被问到写一本书需要具备什么条件。小组里有三名成员都想写一本书，而且每个人都有一个真正可行的想法。

对于"写一本书需要具备什么条件"这个问题，我给出的回答是：不要努力写一本书；要努力成为一个喜爱每天写作的人。

如果你努力去写一本书，你很有可能会失败。但是如果你享受每天的写作，你就很有可能会写出很多本书。

世界上有数以百万计的书尚未写成。它们的作者就是不够相信他们自己或他们的书，所以没能写成。事实的真相是，构成写作的百分之九十九的部分就是不愿放弃的意志。

但是，我不想把这种不愿放弃的意志称为"决心"。它可能打扮成决心的样子示人，但是真相是，那些早起写作好故事的人真的喜爱这项工作。他们喜欢某种感觉不好的东西。他们喜欢早起，关掉手机，直到多写出几页为止。对于他们而言，只有在情节里多加上了一点东西，生活才会好过。

写作一个好故事的喜悦同样也适用于活出一个好故事。好故事不是一天之内写成的。它需要一套常规的动作，一种日常的纪律，还有一种对于这种纪律的享受，因而纪律也完全没有了纪律的感觉。

鼓舞的力量只能带你走出有限的距离。给我一个愿意基于习惯工作的人，即便这个人没有受到特别的鼓舞，我也愿意说，这个人注定成功。

每日晨间仪式

一旦你创建好了自己的人生方案，你就可以在每天的晨间仪式上复习它。这将有助于你维护必要的叙事牵引力，从而对自己的故事保持兴趣。而如果你一直对自己的故事保持兴趣，你就更有可能体验到一种深层的意义感。

但是，要时刻保持警惕，因为你很容易分心。任何一次手机来电都能够而且也必将让你脱离正轨。但是每日晨间仪式会日复一日地把你拉回自己的故事里。只要你持续前进，反复经历挫败就不是什么大问题。

然而，只有每日晨间仪式还不太够。我们还需要某种规划机制来帮助我们组织自己的思路和保持进步。

"英雄之旅"每日计划表

"英雄之旅"人生方案的第四项作业就是填写"英雄之旅"每日计划表。你可以每天都填写计划表，也可以只在你想要更集中注意力的日子里填写。

"英雄之旅"每日计划表　　日期 ☐

☐ 我已经阅读了我
的悼词

☐ 我已经复习了我
的愿景活页表

☐ 我已经复习了我
的目标

主要任务一
＿＿＿＿＿
＿＿＿＿＿
＿＿＿＿＿
＿＿＿＿＿

如果我能重新度过这一天，这
一次我想有什么不一样的地方

- ＿＿＿＿＿
- ＿＿＿＿＿
- ＿＿＿＿＿

主要任务二

＿＿＿＿＿
＿＿＿＿＿
＿＿＿＿＿
＿＿＿＿＿

今天有哪些让我感恩的事情

- ＿＿＿＿＿
- ＿＿＿＿＿
- ＿＿＿＿＿
- ＿＿＿＿＿

预约事项
- ＿＿＿＿＿
- ＿＿＿＿＿
- ＿＿＿＿＿

次要任务
☐＿＿＿＿　☐＿＿＿＿
☐＿＿＿＿　☐＿＿＿＿
☐＿＿＿＿　☐＿＿＿＿

我在大概十五年前自创了这个每日计划表，目的就是让自己保持在正轨上。我想让它包含我为了推进我的故事向前发展而开发的全部提示和策略。在过去十五年里，我写了几本书，建立了一个家庭，建造了我们的梦中情房，创办了一家公司，还做了很多其他事情。我得说，过去这十五年是我在这本书开头所描述的那段时光的绝对反面。在我创制每日计划表之前，我雄心勃勃，但是没有方向。每日计划表帮助我时刻谨记自己本应做的事情。结果就是，我有能力在更短的时间里完成更多的事情。

当然，有些时候，我也会有过载的感觉，但是那样的时候并不多见。大多数时候，我都刚好能够过滤掉分心的事，只去处理重要的事。事实上，我们都不需要那么努力地做好所有的事情。只要做好正确的事，同时不去做错误的事，我们就可以让梦想成真。另外，我们每天都需要做一点工作。别忘了，英雄每天都会从床上爬起来，在情节里加上一点东西，而受害者则一直等待着命运派遣拯救者。

我把每日计划表分享给了数千人，他们的反馈也给我带来了很大的鼓励。创意型工作者觉得它格外管用。如果有太多东西分散你的注意力，导致你无法保持专注，或者你很难记住自己的优先事项，你就会发现这份计划表十分有用。

我在这本书的后面加入了几张表格，你也可以访问
HeroOnAMission. com，下载更大尺寸的表格。你可以把它
们进行活页装订，做成一个计划本。每日计划表包括八个简
单的板块，旨在帮助你组织好你的一天，并在你的故事里采
取行动。

计划表的要义在于，它可以帮助你执行一场晨间仪式，
并紧接着展开快速的规划，你可以在此把让你分心的事加以
约束，从而把你的情节再向前推进一日。每天的一页纸将给
你带来无与伦比的帮助。

当然，你不必每天都填写计划表。但是，你执行晨间仪
式的日子越多，你误入心灵迷雾的日子就会越少。

填写计划表将帮助你保持在正轨上。而以下便是计划表
中的八大要素。

要素 1：复习你的悼词

你的悼词将帮助你获得叙事牵引力，它还可以帮你过滤
你在生活中做出的重大决策。复习你的悼词将确保你不会堕
入存在的真空，并在你的人生故事发展过程中保持兴趣和主

动性。

要素2：复习你的愿景活页表

我已经复习了我的愿景活页表

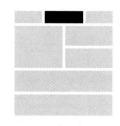

复习你的愿景活页表将提醒你记住你已经决定好的人生主旨，并且作为一个过滤器，帮你做出更好的决策。别忘了，成就大事的关键在于对你想要带给这个世界的东西保持专注，每天都在情节里加上一点东西。

如果一名作家忘记了他们正在讲的那个故事的主线情节，那么这个故事就会误入杂草之间，而读者也将产生迷路的感觉。我们越少地复习人生愿景，就越有可能在我们自己的故事里茫然无措。

要素3：复习你的目标

我已经复习了我的目标

当你复习自己的目标时，你还在复习你正在经营的主要项目，而且你也会更充分地认识到，哪些事情需要优先完成，而哪些事情可以排队。

如果你把目标限定在三个以内，你就有能力快速地完成这一项。

要素4：从智慧的深处出发去生活

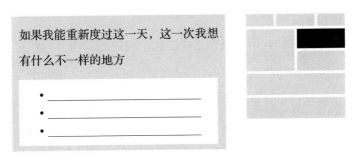

如果写作悼词有助于你指挥自己的人生，那么可以想见的是，带着一种与之类似的想象中的后见之明去深思每一天，这将会为你提供多大的力量。

通过给你提供一个预先悔过的机会，计划表的下一个板块将帮助你从智慧的深处出发去生活。

我在计划表里加入了一个简单的问题，引导我们思考，要想在特定的某一天里少犯错误，我们可以做哪些事。这个问题的基础来自维克多·弗兰克尔过去常常说给病人的话："像活第二遍那样生活，设想你在活第一遍时已经犯了错。"

这句话有点复杂，但是如果我们仔细想想，它真是绝妙地唤醒了我们内心的智慧。

如果我们每天早晨都假装今天是我们第二遍度过这一日，而且我们可以从我们活第一遍时犯的错误中吸取教训，那么我们就会对一些事情形成更加清晰的认识，比如我们浪费的时间，我们忽视的人际关系，以及我们在财务上犯下的错误。

每天早晨，当我向自己提出这个问题时，我都会快进到那一天结束的时候，然后回头看。我意识到，站在那个视角上，我将会想花更多的时间陪伴贝兹，想要留出一两个小时专心处理当下的写作项目。我意识到，要是我能停下脚步买几朵鲜花，寄出一张感恩卡片，或者做更多的体能训练，那该有多好。

别忘了，受害者是客观环境的受害者。命运主宰他们的生活。外部力量裁决他们的每个行动。但是当我们展现出我们的英雄能量时，我们就取得了自己行动的控制权，我们可以使用我们所拥有的力量去活出有意义的故事，而不是停在原地悔恨。

不只如此，如果我们每天都做出更好的决策，对那些决策的复合兴趣就会累积成一种更好的生活。很快。

每一天，每日计划表都会要求你回答这个问题：**如果我能重新度过这一天，这一次我想有什么不一样的地方？**

要素 5：确定你的主要任务

接下来，每日计划表将督促你给你的任务排出优先级。

每日计划表最有用的一个功能就是，它包含了两类任务清单：主要任务和次要任务。

你的主要任务是那些将会定义你的人生的重大项目。当你复习过自己的十年、五年和一年愿景之后，这些项目就一目了然了。

我的主要任务几乎总是涉及为一本书或一场商业教练课创作内容。我的悼词说到过打造一家成功的商业教练公司。因此，在我人生的这个阶段，我需要为商业领袖们创造出有用的框架。

所以，在我人生的这段时光里，创作内容需要成为我的主要功课。在我自己的主要任务清单上，我会写下自己需要完成的第一重要的任务，然后再写下第二和第三重要的任务。

这样一来，我便对如何过好这一天了然于胸了。不管我有多少事情没有完成，只要我在主要任务上有贡献，我就知道，这一天已经把我的个人故事向前推进了。我不仅是在情节里加上了一点东西，而且是加在了**正确的**情节里。

尽管我给主要任务留出的空间有三项之多，如果我说我每天都完成所有的三项，那么我一定是在说谎。我极少做到第三项任务。事实上，我常常连第二项任务都碰不到（在展

271

示给你的首要任务清单上，只设了两项)。但是这不要紧。要点是专注。如果我在任意一项主要任务上花了几个小时的时间工作，我就已经朝着我在悼词里描述的那个人生向前跨了一大步。

自从我开始明确自己的主要任务并且每天都在这些任务上完成一点事情以来，我的生产力提升了一倍多。过去我写一本书几乎需要两年的时间，而现在我只需要八到十个月就够了。在此期间我还需要同时创作那些教练材料。

认识到哪件事才是我需要做的最重要的事，这在有了一个孩子之后，变得更加重要了。虽然我们的房子里增加了一种愉快的混乱元素，但是只要心知自己应该做什么、可以不做什么，我竟真的可以保持生产力。

知道你的主要任务是什么，每天都在这些任务上取得一点进步，这是聚沙成塔。可能每一天的感觉都是缓慢前进，但是在一个月或者一年之后，你会惊异于自己的成就。

要素6：利用感恩来抵抗受害者心态和反派心态

今天有哪些让我感恩的事情

- _____
- _____
- _____
- _____

每天早晨花一点时间写下让我们感恩的事情会为这一天剩余的时光创造出一种强大的精神基础。

受害者不会感恩，这也在情理之中。他们正在遭受虐待、折磨、监禁和控制。

但是，我们绝大多数人有很多值得感恩的东西。

同受害者一样，反派也不会感恩。你绝不会看到一个电影里的反派驻足回味自己对某个朋友的感激之情，不论是为了滴水之恩，还是为了这一如此美好的日子。感恩把我们和他人联结在一起，让我们认同善意，并把我们置于亏欠这个世界的位置上。当我们心怀感恩时，那种感觉就好像我们亏欠这个世界一份恩情，而我们也有热情以我们生活的方式来回报他人的善意。反派认为自己谁也不亏欠。反派把这个世界视为权力的竞争者。世界应该亏欠他们，他们绝不会亏欠这个世界。

抵抗受害者心态和反派心态的最有效的练习方式就是认同乃至激发一种感恩之心。

就在昨晚，我自己也受到了来自受害者心态的诱惑，并使用感恩的手段重新校准了我看待生活的角度。我先是吃了一碗冰激凌，然后自愿地进入一种自动驾驶的饕餮模式，又吃了一碗。当我吃完第二碗之后，我堕入了受害者心态之中。为什么甜食这么难抵御？我告诉过自己，我不能再吃糖了。为什么我这么蠢？我明早会迎来一场糖醉，可我还有一个重要的写作任务要完成呢。换句话说：我是个受害者，而生活糟透了。

为了遏制这种螺旋下落，我提醒自己说，有时候，放纵一下的感觉也挺好的。冰激凌的味道美极了。而现在，我就要跟我美丽的妻子一起爬上床了。我明天下午还有机会通过游泳甩掉这些卡路里。我依然可以早起并完成写作。我的生活状态非常棒。事实上，生活真是好极了。我热爱游泳，而且我在绝大多数的时间里足够自律，能够抵挡住冰激凌的诱惑，我对此十分感激！

受害者心态立刻就消失了！

记住，受害者和反派感觉不到感激之情。所以当我们践行感恩的时候，我们就会立即跳脱受害者心态和反派心态，成为有能力决定自己的故事并体验到一种深层意义感的英雄。

那么，你将要在你的每日计划表中回答的问题便是：今天有哪些让我感恩的事？

除了抵抗存在于我们体内的低劣人格之外，关于感恩的思考甚至还会带来更大的好处。事实证明，感恩能帮助我们战胜拖延症。

拖延症患者潜意识里认定，充满了他们不愿意做的可憎

任务的一天会让生活变得无趣，而没有人想要忍受无趣的
一天。

通过思考那些令你心怀感恩的事，比如你在那一天稍
晚的时候可以做的令人兴奋或放松的事情，你就接通了判
定这一天没有白过的潜意识。当你思考那些令你心怀感恩
的事时，你就不会忘记自己后面有机会外出散步、吃冰
激凌或者与朋友共进晚餐。但是，眼下我们不得不着手
工作。

再说一遍，当我们对生活赐予我们的一切都心怀感恩
时，我们就更有可能做出牺牲，因为我们感觉自己仿佛亏欠
生活一点东西，需要归还。

当我们心怀感恩时，我们便移除了一个阻止我们做一点
把我们的情节向前推进的工作的障碍。

要素 7：跟进你的每日预约事项

我接下来要做的一个操作是把我的每日预约事项从谷歌
日历中转移到我的每日计划表里。

花时间把我的预约事项写进（或者重新输入线上软件
的）每日计划表里，这让我对自己决定在这一天接下来的时
间里做到哪些事更加清楚。顺带一提，我们在打印的版本
中，给预约事项留出了更大的空间。

通过转移我的预约事项，我更清楚自己将与什么人会面，什么时候与他们会面，以及为什么有这次会面。在每一天开始的时候，我不再像是生活在一条隧道里，只能看到眼前的下一步，而是对我所有的预约事项都一清二楚。

当你把你每日的预约事项都转移到每日计划表中之后，你将创造一种有关这一天将会是什么样貌的清晰感，而不再像是走入了新一天的一团迷雾中。

要素8：管理你的次要任务

英雄有优先处理的事情。我们已经通过列出主要任务排出了我们自己的优先级。但是，决定好哪些事情重要还有一个隐藏的好处，那就是我们可以借此确定哪些事情是不重要的。

英雄不会在前往拆除炸弹的路上停下脚步，转身拿他们送去干洗的衣服。

次要任务绝不应该与主要任务混淆。取回你送去干洗的衣服并没有那么重要。有时候，英雄的衣服也是皱巴巴的。

不幸的是，你的大脑常常无法在一个主要任务和一个次要任务之间做出区分。

例如，我和贝兹大概是在十个月前搬入鹅山的。虽然我们大体上已经把房子收拾好了，但是车库还是一团糟。我只收好了一半的工具，车库里还没有架子或者存储空间，而且地上还堆着装满东西的、未拆封也没有标签的箱子。我对于那些箱子里装着些什么一无所知。

有些人可能会到我的车库里转一圈，然后说："你知道吗，一个男人的车库的状态说明了关于这个人的很多问题。杂乱无章的车库反映了杂乱无章的生活。"

我真的要说，就我的情况而言，事实恰恰相反。收拾我的车库已经在我的次要任务清单上搁置了几个月之久。我几乎没有在这件事上动过一根手指。而且我对此感到十分开心。

为什么？因为在过去那十个月里，我写完了这本书。我拍摄了一套《如何发展一家公司》的视频课程。我们生了一个孩子，而且我花了数不清多少小时的时间把她抱在怀里，并在社交平台上发布我们的照片。这都是极为重要的事情。事实上，次要任务是任何人都不会在自己的悼词提到的那类事情。

我难以想象，如果一个人悼词的高光时刻是提及了一个干净的车库，那这个人的葬礼将有多么悲哀。

但是，正经地说，写下我们的次要任务可以提醒我们稍后需要做的事情，可能甚至是明天或者后天才需要做的。如果我们不把这些任务写下来，它们就会不停地骚扰我们。我们会感觉自己必须现在就做这些事。但是如果把它们写下来，认定它们是次要任务，我们就是在告诉自己，我们没有忘记，也不会忘记它们。只不过我们现在不打算做这些事。

你在规划自己的一天时，把你的任务区分为主要任务和次要任务。你将更加明确哪些事是真正需要完成的，而哪些事是你将在晚一点的时候完成的。

填写你的每日计划表，意在指引你完成一场完整的晨间仪式。当今的文化让我们从生产力中制造出一个新的神，但如此一来，我们就有太多的人丢失了属于自己的情节。我们没有在体验意义。"英雄之旅"每日计划表虽然必定可以帮助你提高生产力，但是它的核心并不是关于生产力的。相反，它被设计出来，是为了帮助你记住自己故事的情节，保持对这个故事的兴趣，并且始终投入故事当中，每天都在这个情节里加上一点东西。每日计划表将助你获得叙事牵引力并体验一种深层的意义感。把它看作一场晨间仪式，搭配着一杯咖啡，享受填写的乐趣。你将对自己的生活、工作和故事产生更好的感觉。

14

最关键的角色

我们买下鹅山的时候，这里有970棵树。这块土地上树木茂密，布满了橡树、白蜡树、枫树、雪松，还有不少朴树。

令人悲伤的是，白蜡树正在消亡。田纳西州所有的白蜡树可能都将在10年内死去，因为一种新型的甲壳虫——花曲柳窄吉丁，正在这个地区扩散。不仅如此，我们的树林还被一种特定种类的忍冬占领了，它们贴着树林的地面延伸，叠成厚厚的一层，吸干了土壤里的水分。这类忍冬甚至都不会给我们一朵飘着香味的花，只有身后的枯树。

清除这些忍冬，花了3年的时间。你不得不从根部铲除这些灌木，然后在30分钟的铲除时间内给它们下毒；而且你还不得不连续干3年。不管怎么说，这还是拯救了这片树林。我们还挑出了想要救活的白蜡树，并邀请专家每年过来，为我们负担得起救治费用的树木进行诊治。我们还尽可能地移除了朴树。这种实际上没有任何用处的树木生长迅速，枝干虚空，所以它会长得很高，然后倒下来压在别的树木和房屋上，甚至如果有人不巧在错误的时间站在了错误的位置上，也会被这种树砸到。

我们种植了接近一百株土生土长的树，比我们在建筑过程中损失的树木更多，而且我们还请了树木栽培专家帮助我们保护这份最新发展的投资。

在这些专家里，我最喜欢的一个人名叫彼得·泰夫阿诺。这是一位自学成才的树木栽培专家，专长是墙树艺术。三十多年前，彼得从商业的世界里退休，开始学习训练乔木和灌木顺着框架生长成各种图案。他可以把梨树种成一条平直的线，让它看上去像一道篱墙，也可以种出葡萄园样式的葡萄。彼得将围着贝兹的花园种一圈梨树墙。

施以得当的修剪和照料，一棵作为树墙的树可以活过一百年。因为它经过了精心的修剪，所以有更多的营养可供它结出果实。我们在鹅山有口福了。

彼得已经八十岁了。他操着一口粗犷的南方口音，兼有田纳西式的谦逊和南路易斯安那的火辣。他戴着一顶牛仔帽，留着络腮胡，这让他看起来有一点像理查德·佩蒂。不仅如此，他还总是叼着一个烟斗，不论多热的天气都套着一双长袖。他讲话很慢，而且似乎有一双看穿一切的眼睛。他看着这片土地，便知道那些树在哪里会生，在哪里会死。

彼得让我意识到，智慧并不会在一夜之间开花结果。它只能来自经验和失败，尝试与犯错。彼得把他的工作形容为拿着树皮和树叶作画。

整整过了四年，他栽种的树里才有第一株长成。前几天，我们在花园散步，我恍然惊觉，我们不只是在花园周围添了一圈树，我们种下的是彼得的遗产。

当你遇见像彼得这样的人时，你就会想要成为他——可能不在于有关树的知识，但一定是有关某种东西的知识。

我们还有另一位朋友，正帮助我们照顾艾米琳。她的名字是米歇尔·劳埃德。我们刚刚从医院回到家里，就聘请了她来做我们的新生儿养育专家，好让贝兹得以安心地进行产后恢复。米歇尔有一口令人愉悦的新西兰口音，但是更重要的是，她懂得小孩子的语言。她已经教会我们，当艾米琳哑巴嘴或者咬自己的手时，她是在讨要食物。她还教会我们，当艾米琳抬起双腿的时候，她很可能是想要放屁。在过去三十年里，米歇尔已经帮助五十多个孩子和妈妈在这个世界上找到了安慰。如果没有她，我和贝兹，以及艾米琳，都会不知所措。贝兹几乎每天都跟米歇尔发消息。

生活需要专家。我们需要身边的人明白自己在做的事情，并可以把我们从自己犯的错误中解救出来。

从某种意义上说，这本书是具有欺骗性的。它教给你的是如何成为一个背负使命的英雄，可是英雄并不是最高级的角色。对于我们每个人来说，最期待成为的角色其实是向导。

既然生活的目标是成为向导，那又为什么要花这么多时间教人们像英雄一样生活呢？

这当然是因为，如果我们没有作为一个背负使命的英雄生活过，就没办法成为向导。

我们都遇见过成百上千个成功的人，而他们的成功类型也不下几十种。我们遇见过生活贫困但是幸福快乐的人，我把他们也归为成功的人。我们还遇见过在体育、爱情、政治、科学和商业上取得成功的人。

如果你仔细观察有影响力的人，你就会注意到，他们的信仰多种多样，他们的宗教各不相同，甚至他们的技能也不一样。在他们身上，我们很难找到可以复制的共同点。有些有影响力的人是沉默寡言的，而另外一些则魅力四射。

但是，我注意到几乎他们所有人都具有一种特质，那就是他们都有才干。

我这里所说的才干，意思是他们都经受过岁月的锤炼。他们都曾承受过生活的铁手毒打，而后出落成聪明、智慧、有能力的人。你甚至可能会用"硬"来形容他们。但是我在这里所说的并不是那种步伐缓慢、拖着手枪、口齿不清的伊斯特·克林特伍德型硬汉。在我看来，史蒂芬·霍金比克林特伍德更硬，而霍金跟以上这些描述可都不沾边。

我说的硬，是指他们有能力成功地挺过艰难的处境。而要想有能力挺过艰难的处境且不被打倒，你就必须有经验的帮助。背负使命的英雄最终能成为向导，是因为他们从自己的苦难和错误中吸收了很多经验。专家之所以成为专家，是因为他们都经过了千锤百炼。

纳西姆·尼古拉斯·塔勒布用"反脆弱"一词来形容这些人。"反脆弱"也是他一本书的书名，他在书中写到了人们因为过度结构化或过度溺爱式的机制而变脆弱的风险。他的观点是，我们在受到干扰时才会成长与发展，因为这些干扰迫使我们发生改变，变成更好的自己。

作为一个背负使命的英雄而生活，并不意味着这是一种充满快乐与轻松的生活。暂停任意一部电影，问自己电影中的英雄是不是更愿意给自己换一个处境生存。答案无疑是肯定的。生活是艰难的，不可能被完全掌控。然而每个水手都知道，虽然他们无法控制风，但是他们可以驾驭它。顺风的时候，他们可以加速航行；逆风的时候，他们可以缓缓航行。但是他们总是可以向前航行。

维克多·弗兰克尔的思想并不能确保我们的生活一定能一帆风顺。它只能保证，不论我们的生活顺利还是不顺，我们都能体验到意义感。说到底，他的理论可是在集中营里成型的。

当我们进入生活赐予我们的挑战之中时，我们就会获得心理的、身体的和精神的才干。受害者不去面对这些挑战，因为他们没有能力。反派导致了很多挑战的发生。英雄走进挑战，穿越挑战，并在这个过程中发生转变。而向导则把自己关于超越挑战所知的一切教给英雄。

向导还教会我们如何具备勇气，因为他们自己过了一辈子勇敢的生活。

我们想要像背负使命的英雄一样生活，因为我们越是这样生活，我们就会越快地转变成向导。

你可能忍不住诱惑，过早地把自己想象成一名向导。当然，我们都有可以召唤出来的向导能量，哪怕是小孩子也可以。我们总是可以帮助别人取胜。但是要想变成一名成熟的向导，我们必须作为背负使命的英雄生活过很多年，克服自己的恐惧，并从我们经历的悲剧中学习。

如果一个人从没有到过喜马拉雅山脉，就不要相信他能作为向导，带领你登上珠穆朗玛峰。

决定自己在生活中将去向何方，而不让命运支配你前进的方向，这是才干的一个特征。明白必须达成的主要任务与应该被忽视的次要任务之间的差别，这也是才干的一个特征。选择宽恕对情商有很高的要求，这又是才干的一种典型特征。才干还有另外一个特征，就是活在感恩之中，而不沉溺在自怨自艾里，这种思维习惯对思想的控制力颇有要求。

才干还包括应对艰苦环境的能力，我们可以从困难中得到成长，而不会被它打败。我们越多地作为一名背负使命的英雄来体验生活，我们学到的东西也就越多，也就有了越多的东西可以传世。

向导的特征

你可以通过一个人带给英雄之旅的品质来判断这个人是不是一个好的向导。以下是我认为在帮助他人这个方面可以发展的最为关键的四个特征。

经验

故事里的向导总是年纪很大，其中一个原因是，作者（以及观众）知道他们必须具备经验。可以想一想甘道夫的白胡子和尤达大师的瘸腿与拐杖。

当我们谈论经验时，我们实际上是在说一个背景故事。我们尊敬的人常常经历过我们正在经历的事情，并且存活了下来。向导告诉英雄他们是如何做到的，智慧便以此代代相传。

黑密斯在凯特尼斯献祭自己参赛的很多年前就赢下过饥饿游戏。因为他有经验，所以他才有能力帮助凯特尼斯获胜。

故事里认为自己与向导平起平坐的英雄会冒犯到读者。我们内心深处都知道，尊重是赢取来的，而不是要求来的。我们不能跳过这个智慧制造的过程。我们都尊重有经验的向导。

我们没必要急着努力成为一名向导。我们只需要作为一名背负使命的英雄去生活就好了。

智慧

与经验形影不离的是智慧。而智慧的首要源泉就是失败。

故事里的英雄有一个有趣的地方，那就是他们并不总是富有才干。故事里最后的几个场景是例外，英雄会在这里面对并击败反派；其他时候，英雄总是笨手笨脚，缩手缩脚，毛手毛脚，束手束脚。当最后关头，英雄于千钧一发之际完成了挑战，险些赔上自己的性命时，故事才更好看。

故事常常把前进和后退的场景层层叠垒，在虎口脱险之上堆积一次次失败。为什么要这样呢？这一部分是为了设置悬念，但是还有一部分是因为我们知道，一个英雄为了成为与反派旗鼓相当的对手，将不得不提升自己的实力。英雄将

不得不变得充满智慧与力量，而提升智慧与力量的唯一方式
便是先失败再成功，如此往复，不厌其烦。

别忘了，我们的受害者心态将诱惑我们向失败屈服，而
不是从失败中学习。而英雄则会学习，而且学习正是他们成
长并最终成为向导的方式。

同情

反派和向导都很强大。事实上，反派常常是故事里最强
大的角色，直到故事的结尾，他们才有希望被击败。这也是
人们受到反派吸引的原因之一。这也解释了墨索里尼和希特
勒为何一度被拥戴。人们会因为反派拥有力量而错把反派当
成向导。

但是向导的力量是不一样的。向导的力量受到利他主义
的约束。向导的荣耀在他们的过去。如今他们正努力帮助其
他人获得荣耀。他们亲临过战场，知道这个世界是一场战
役，并想要让光明击败黑暗。在向导眼中，世界大于他们自
己和他们个人的故事。向导有所关怀。

反派的力量邀请我们加入他们，共同强化我们的优越地
位、控制力和权力。向导的力量则邀请我们共同伸张正义、
包围真正的受害者，并创造机会平等。

观看米歇尔向贝兹讲我们的孩子就像是在观看一场大师
级的鼓励。当她指导我和贝兹如何安抚孩子和喂食的时候，

她的语气轻柔，她的微笑暖人，而她在贝兹成功时会握拳并
举起胳膊表达欢乐，以此作为庆贺。当孩子无法排便时，她
会手舞足蹈地祈福。当孩子排泄之后，她就会开心地宣布，
这个仪式奏效了！

向导给缺乏经验并抱有恐惧的谦卑英雄带来了一束光。

向导传递的不只是智慧，他们还传递了热情和同情。他
们自己曾被击倒又爬起来，他们知道被无助感诱惑是一种什
么样的感觉。他们也曾被误解过，所以他们寻求理解他人。
他们曾被抛弃过，所以他们绝对忠诚。

关于**同情**这个词，我听到过的最好的一个定义是"共享
的痛"。

向导背起了英雄的某些负担，让英雄可以走得更快、
更远。

牺牲

然而，单具同情还不足以坐实一个人向导的身份。还有
一个必要的条件是真正的牺牲。

在故事里，为了让英雄取得胜利，向导放弃了他们的智
慧、他们的时间、他们的金钱，有时候还包括他们的生命。
他们这么做的时候，心知自己的时间、智慧和金钱不会为自
己争得荣耀。他们投入的是英雄的荣耀，是在为光明对抗黑
暗的又一场胜利做出贡献。

　　向导常常为英雄做出终极的牺牲。光明与黑暗之间的战争对他们来说如此重要。别忘了，向导已经不再为自己而活。向导的牺牲，令光明可以战胜黑暗。

　　当罗密欧翻墙跃入卡普雷特家的后花园里时，我们看到了一个向导向英雄传递智慧的经典场景，同时还有对向导常常为英雄做出的终极牺牲的致意。

　　当罗密欧来到朱丽叶的窗下时，朱丽叶正和头顶的两颗星展开热烈交谈，象征着她乃神圣的三位一体的三分之一。事实上，罗密欧形容她是一个**生着翅膀的天使**。在这部戏剧中，她是一个强大而富有才干的向导，而罗密欧则是英雄。

　　尽管朱丽叶很年轻，只有十三岁，但莎士比亚在她的身上注入了神圣与永恒的智慧，并由她给罗密欧指出了一条寻得决心与救赎之路。

　　简言之，朱丽叶在这部剧中被放在了基督的人物位置上。

　　这场戏的后面部分，两个人谈到了他们的名字（本性）如何使他们不能结合。然后，罗密欧把主导权交给了朱丽叶，请求她**用另一个名字叫我，我就不再是一个蒙太古了**。

　　当然，这是一个圣经式的意象。罗密欧相信他与朱丽叶的结合将改变他的名字。

　　然后，为了骗过自己的父母，朱丽叶喝了一口能让自己进入死一样睡眠的毒药。她先是"死了",然后又复活了。可当她醒来的时候,她听说罗密欧也被骗了。他为了与她相会,亲手了结了自己的性命。然后,朱丽叶也自杀了。她说她要随他一起去一个地方,那里有一场正待举行的婚礼。

我相信,莎士比亚让朱丽叶扮演这部戏剧中的基督角色,是为了向正在英国抢班夺权的天主教徒努力灌输一种更具现实关怀(新教式)的神学思想。可无论如何,就像在很多古代故事里一样,基督福音的教义中也包含了一名神圣的向导,而这名向导要为走在痛苦的救赎之路上的英雄做出牺牲。

在基督教的福音书中,耶稣本人就是一名向导,他帮助罪人英雄寻得解救之道,并以此回到天堂的家里,家中的盛宴上,一场婚礼正待举行。然后,为了帮助处于忧虑与恐惧之中的英雄朝着救赎的高潮场景前进,向导做出了牺牲。

在谢尔·希尔弗斯坦美好的童书《爱心树》中,那棵树就扮演了向导的角色,帮助故事里的孩子英雄度过了他的人生旅程。树总是献出它的苹果,然后是它的枝条,最后是它的树干,直到自己倒在地上,为了这个孩子奉献出最后一滴生命。

在 E. B. 怀特的《夏洛的网》中,蜘蛛夏洛为了拯救朋友——小猪威尔伯,献出了自己的生命。

向导总是会为了帮助英雄完成他们的故事而献出自己的生命,为光明战胜黑暗做出牺牲。

而这些美丽的牺牲并不仅仅存在于文学作品中。就在几秒钟前,我正在咖啡馆里敲打这些文字,一个女人把自己手中的盘子和马芬蛋糕丢了出去。她是为了在自己被台阶绊倒时抱住自己的孩子。保护后来者,为了他们的荣耀而放弃自身的安全,这是我们的本性。

当我们释放出向导的能量以帮助他人获胜时,我们就会找到一种越来越深的意义感。我们每个人都有成为向导的潜能。

但是,当然了,这需要时间。在我和贝兹培育花园里的土壤时,我认识到,英雄必须缓慢地成长。彼得关于树的知识增长得跟树的生长一样慢。他是在给我们留下一份遗产,好让我们能继续传递给艾米琳。

作为英雄追逐荣耀的那些年,尽管是一种重要的训练,却很难说是人生的要义。人生的要义在于成为向导,诠释利他主义的取向,并为他人树立榜样。

我们越少地扮演受害者,越少地扮演反派,就能越多地发现自己扮演了英雄与向导的角色。抱着以终为始的念头,为这个世界带来某种好的东西,接受生活的挑战,与他人分享我们的生活,这便是通往转变之路。

归根结底,向导只不过是不断前行的英雄。

15

故事永恒

一个老朋友曾经给我讲过一个故事。他在大学毕业后决定拿出一年的时间去环游世界。在他临走前的最后一次例会上，他的导师对他说，等他回来的时候，导师不想再认出他来。

"好的，我安排了很多远足行程，所以我觉得我能带回来一个好身材。"我的朋友说。

"我说的不是这个，"他的导师说，"我的意思是，我想要你成为一个更好的自己，就好像过去的你经历了一次蜕皮。你将在学习如何打理财产、辨别交友对象、把控你的身体、管理你的精神、学会休息和相信你自己的过程中，把过去的自己抛在身后。"

这次交谈让我的朋友心有余悸。可是，当他环游欧洲的时候，他还是寻找起转变的机会。他面对挫折会做何反应？他会成为一名忠诚的朋友吗？他会不会敢于冒险，展现勇气，度过值得铭记的一年？

简而言之，他不断问自己这样一个问题："在这种情况下，我最好的自己会做什么？"他带着这个问题展开行动，练习如何成为一个更好的自己。

我的朋友说，他在那一年里的成长，比过去任何一年都要多。

日新的挑战，是生活交给我们每个人的挑战，日日新，年年新。

从我们出生的那一天起，直到我们死去，我们从未停下过变化的脚步。在我们人生的每个章节里，我们都有可能成为更好的自己。

如果我们对自己说"我不擅长运动"，或者"我在人群面前超级害羞"，我们就落入了卡罗尔·德韦克所说的固定型思维模式当中。这位斯坦福大学教授发现，固定型的思维模式与更低的薪酬、更差的人际关系以及更高的焦虑水平高度相关。

相对地，她邀请自己的学生进入一种成长型思维模式当中。成长型思维模式意味着我们相信自己一直在变化，可以在我们的人生中发生巨大的转变。当我们具备一种成长型思维模式之后，我们就会相信，只要自己全力投入，就可以做好一件事。比如，相比于说"我的数学很糟糕"，我们更应该说"我的数学不好，是因为我还没有选择投入努力"，而且我们也应该这么想。

换句话说，德韦克认为，我们在进行自我认同时，不应该困自己于一隅。当我们思考自己时，我们应该把自己想象成一种流体，有能力去改变。

但是，改变是需要付出努力的。当我们把自己投入一个愿景中时，冲突也随之而来。为了发生转变，我们就不得不应对这种冲突，可能甚至还要拥抱冲突。

故事发生，故事结束

如果我们尘世的生命永无尽头，那么我们是否转变就无关紧要了。但是生命并非永恒。我们的故事都有一个开端、中间和结局。这是当然的。但是它们还有些别的东西：一种教益。

我们生活的故事并不只对我们自己有影响，它们还影响着我们身边的人。我们的故事教给我们身边的人，什么东西值得为其生，什么东西值得为其死。

在大约二十五年前，我的朋友布鲁斯·迪尔搬到了佐治亚州亚特兰大市最危险的街区。他和他的家人住进了一座教堂里，并在那里生活了数年。布鲁斯和他的妻子隆达一起，解救那些被迫进行性交易的年轻女孩、卷入黑帮的年轻男孩、需要医疗援助的年长邻居和感觉自己再也无法掌控自己人生的瘾君子。布鲁斯在这个街区安顿自己与家人的生活，期间持续受到威胁与恐吓。他们的车被偷走了好几辆，他们在洗礼池下发现了一个无家可归的流浪汉，布鲁斯甚至还参与过械斗，并遭受过枪击。

有一次我问他，家里有妻子孩子的他，怎么能说服自己去冒这样的生命危险。他说，要给自己的孩子留下一份勇气的遗产，可能不得不搭上他自己的性命，而如果他死了，他也是作为一个勇敢地热爱着自己的社群并试图帮助他们的人而死，并以此为家人树立一个榜样。

直到今天，布鲁斯和隆达仍旧生活在那个街区。他们建设了一个占地几英亩的综合社区，名叫"避难城"，常常被认为是这个国家最成功的社会公益项目之一。他们开办了一所烹饪学校、一所编程学院、一家医疗诊所和为被交易的女孩准备的安全屋。他们收容出狱的犯人，培训他们做有意义的工作。

我们拿我们的人生来做什么，这是至关重要的。而我们每个人的时间都不多了。

在写作这本书的几个月时间里，我亲眼看见了一些故事开始，而另一些故事走向结束。露西还有几个星期可活，甚至都不是几个月。每天早晨，她需要花一个多小时的时间站起来。她已经比巧克力色拉布拉多犬的平均寿命多活了近两年了。我们在她的食物中偷偷放上了消炎药，蹲下来挠她的头，直到药片帮助她恢复力气。有我在身边陪伴，她会更舒服一点，所以我取消了所有外出的行程，留在她身边陪她。她看着我和贝兹在婴儿房里进进出出。当她听到婴儿啼哭时，会抬起鼻子，仿佛在捕捉家庭新成员的味道。

显然，她的故事正走向尽头。

但与此同时也有快乐的事情发生。艾米琳正在成长，飞速地成长。她现在已经可以微笑了。你可以挠她的痒痒。她会扫视整个房间，认出人们并扭动身体，直到他们走过来跟她问好。再过一两个月，她就会爬行了，然后很快就能在鹅山的小路上行走了。我们将看着她开启从受害者向英雄转变的自然而漫长的历程。

于我而言，此生的痛苦和快乐都是美好的。我们很快就将把露西埋葬在侧院的橡树下面，那是把我的名字和贝兹的名字刻在心里的一个地方。

事实上，我们能够在此生抵达之处，远比我们想到的更远。把受害者心态甩在身后，那才是原本属于它的地方。我们会像丢掉一个装满了石头的麻袋一样，更快地前进。我保证。

几年前，我受邀与一个显赫的美国家族共度时光。他们创办了好几家数十亿美元规模的公司。有几个家庭成员读过我的书，所以邀请我参加他们的一次家庭聚会。这个家族经常邀请作家和演说家参加他们的家庭聚会，以此作为一种促进几代人交流的方式。这整件事就是这个家族构想出来的一个策略性的故事，目的是预防家族的衰败。当一个家族开始积累并管理财富时，这种衰败几乎总会发生。我对此行倍感荣幸。我发现他们都是格外谦卑的人，而且真的很善良。

这个家族最迷人的一个地方是，当他们跟我互相介绍认识的时候，会把不同代的人称为第一代、第二代等。他们目前一共有四代人，而第四代的一位女士马上要生第五代成员了。

我在一个单亲家庭长大，而且因为我的祖父在我出生前就去世了，所以多代同堂的家庭，特别是多至五代同堂，这对我来说是一个全新的概念。

有时候，当我围着鹅山漫步时，我会想象等艾米琳年老的时候，当她的故事接近尾声，她跟她的孩子和孙辈一起重返这里，她会想些什么。我想要活出一个她会讲给自己孩子听的故事，她会给他们讲自己的父亲和母亲如何建设起这块地方，如何在这里把她养大，并给她展示了一个她可以模仿的爱的故事。我希望她会说到第一代人如何大量地邀请世界各地的艺术家、思想者、园艺家和领袖来这里思考、做梦和创造。我不知道她会不会明白，我们做这些主要是为了她，为了能让她在做梦的人身边长大，然后让自己的梦想成真。

　　你和我有可能继承了一笔强大的或积极的遗产，也有可能没有继承，但是我们每个人都有能力留下一笔。

　　我不能控制艾米琳对我的看法。那是她的事。但是我能给她爱、安全感和一个可追随的榜样。我的故事可以积极地影响她的故事。做这些事情的决定不取决于命运。它取决于我。

　　当我们活在一个有意义的人生中时，我们也邀请他人过同样的人生。那些在我们身后的人会在我们的故事基础上构建他们的故事。他们可以在这上面添砖加瓦，让故事变得更好，因为我们已经为他们指明了道路。

　　我知道，生活可以十分艰难。我们的身边充斥着悲剧。黑暗存在，但是不要忘了光明同样存在。我们可以参与到光明的创造中来。

　　如果存在的真空找上门来——它一定会找来的，要记住，这个世界上有一个非常真实的希望。

　　我们总能创造意义。

第三幕

你的人生方案和每日计划表

在本书的这一部分，我们为你创建自己的人生方案留出了空间。你可以在这里写你的悼词、你的十年、五年和一年愿景，以及你的目标。这里甚至还有几天的"英雄之旅"每日计划表。

如果你想持续使用这套人生方案和计划表，你可以免费下载这些表格并且根据自己的需要无限次地打印。访问HeroOnAMission.com 可获得下载权限。

如果你喜欢帮助别人找到他们的使命并体验一种深层的意义感，还可以在 HeroOnAMission.com 上报名申请成为一名"英雄之旅"助力师。

我的悼词

我的人生方案——十年愿景

如果拍一部关于你今年的生活的电影，应该
给它起一个什么样的标题

_____

年龄

_____

职业

- _____
- _____
- _____

健康

- _____
- _____
- _____

家庭

- _____
- _____
- _____

朋友

- _____
- _____
- _____

精神

- _____
- _____

- _____
- _____

我每天要努力做到的两件事

- _____
- _____

我不做的两件事

- _____
- _____

我的故事在这一阶段的主题是

_____

我的人生方案——五年愿景

如果拍一部关于你今年的生活的电影，应该给它起一个什么样的标题

_____

年龄

_____

职业

- _____
- _____
- _____

健康

- _____
- _____
- _____

家庭

- _____
- _____
- _____

朋友

- _____
- _____
- _____

精神

- _____
- _____

- _____

我每天要努力做到的两件事

- _____
- _____

我不做的两件事

- _____
- _____

我的故事在这一阶段的主题是

_____

我的人生方案——一年愿景

如果拍一部关于你今年的生活的电影，应该
给它起一个什么样的标题

_____

年龄

_____

职业

- _____
- _____
- _____

健康

- _____
- _____
- _____

家庭

- _____
- _____
- _____

朋友

- _____
- _____
- _____

精神

- _____
- _____

- _____
- _____

我每天要努力做到的两件事

- _____
- _____

我不做的两件事

- _____
- _____

我的故事在这一阶段的主题是

_____

目标命名	

为什么这个目标对你很重要	完成日期
————————————	————

目标合作伙伴			

里程碑	❶	❷	❸

日常牺牲

———————————————————
———————————————————

打卡记录

目标命名	

为什么这个目标对你很重要	完成日期

目标合作伙伴			

里程碑	❶	❷	❸

日常牺牲

打卡记录

目标命名

为什么这个目标对你很重要

完成日期

目标合作伙伴

里程碑 ❶ ❷ ❸

日常牺牲

打卡记录

"英雄之旅" 每日计划表

日期 _____

| ☐ 我已经阅读了我的悼词 | ☐ 我已经复习了我的愿景活页表 | ☐ 我已经复习了我的目标 |

主要任务一

_____
_____
_____
_____

如果我能重新度过这一天，这一次我想有什么不一样的地方

- _____
- _____
- _____

主要任务二

_____
_____
_____
_____

今天有哪些让我感恩的事情

- _____
- _____
- _____
- _____

预约事项

- _____
- _____
- _____

次要任务

☐ _____	☐ _____
☐ _____	☐ _____
☐ _____	☐ _____

"英雄之旅" 每日计划表

日期 [   ]

| 我已经阅读了我的悼词 | 我已经复习了我的愿景活页表 | 我已经复习了我的目标 |

主要任务一

_____
_____
_____
_____

如果我能重新度过这一天，这一次我想有什么不一样的地方

- _____
- _____
- _____

主要任务二

_____
_____
_____
_____

今天有哪些让我感恩的事情

- _____
- _____
- _____
- _____

预约事项

- _____
- _____
- _____

次要任务

☐ _____   ☐ _____
☐ _____   ☐ _____
☐ _____   ☐ _____

"英雄之旅"每日计划表

日期 _____

☐ 我已经阅读了我的悼词 ☐ 我已经复习了我的愿景活页表 ☐ 我已经复习了我的目标

主要任务一
_____
_____
_____
_____

如果我能重新度过这一天，这一次我想有什么不一样的地方
- _____
- _____
- _____

主要任务二
_____
_____
_____
_____

今天有哪些让我感恩的事情
- _____
- _____
- _____
- _____

预约事项
- _____
- _____
- _____

次要任务

☐ _____   ☐ _____
☐ _____   ☐ _____
☐ _____   ☐ _____

讲故事，战商界　实战三部曲

会讲故事、自我驱动、做人生故事的英雄，你的事业和生活将无往不利。唐纳德·米勒"实战三部曲"让你从入门到高手、从思维到行动，成为真正的人生赢家。

《你的顾客需要一个好故事》

作者：【美】唐纳德·米勒

定价：68.00 元

ISBN：978-7-300-25767-9

页码：289

- ◆ 亚马逊五星好评，畅销经管图书。
- ◆ 让顾客成为故事的主人公，是那些现象级公司成功的秘诀之一。
- ◆ 《纽约时报》畅销书作家、亚马逊五星好评作者唐纳德·米勒，手把手教你打造故事品牌。

《商业至简：60 天在早餐桌旁读完商学院》

作者：【美】唐纳德·米勒

定价：69.00 元

ISBN：978-7-300-30584-4

页码：268

- ◆ 学会价值驱动型人才的十种性格特质
- ◆ 掌握十大商业技能：领导力，生产率，战略，信息，市场营销，沟通，销售，谈判，管理，执行。

《英雄之旅：把人生活成一个好故事》

作者：【美】唐纳德·米勒

定价：78.00 元

ISBN：978-7-300-33075-4

页码：316

- ◆ 英雄选择过有意义的人生。他们直面挑战，敢于做出改变，知道自己想要什么。
- ◆ 像英雄一样生活，不做受害者和反派，你的人生将会活出一个好故事。

图书在版编目（CIP）数据

英雄之旅：把人生活成一个好故事/（美）唐纳德
·米勒（Donald Miller）著；修佳明译. -- 北京：中
国人民大学出版社，2024.9. -- ISBN 978-7-300-33075-
4

Ⅰ.B821-49

中国国家版本馆 CIP 数据核字第 20249T79B9 号

英雄之旅

把人生活成一个好故事

[美] 唐纳德·米勒　　著

修佳明　译

Yingxiong zhi Lü

出版发行	中国人民大学出版社	
社　　址	北京中关村大街 31 号	**邮政编码**　100080
电　　话	010 - 62511242（总编室）	010 - 62511770（质管部）
	010 - 82501766（邮购部）	010 - 62514148（门市部）
	010 - 62515195（发行公司）	010 - 62515275（盗版举报）
网　　址	http://www.crup.com.cn	
经　　销	新华书店	
印　　刷	德富泰（唐山）印务有限公司	
开　　本	890 mm×1240 mm　1/32	**版　次**　2024 年 9 月第 1 版
印　　张	10.375 插页 2	**印　次**　2024 年 9 月第 1 次印刷
字　　数	172 000	**定　价**　78.00 元